Manfred Spitzer

DIGITALES UNBEHAGEN

Bibliografische Information der Deutschen Nationalbibliothek
Die Deutsche Nationalbibliothek verzeichnet diese Publikation in der Deutschen Nationalbibliografie.
Detaillierte bibliografische Daten sind im Internet über http://d-nb.de abrufbar.

Für Fragen und Anregungen
info@mvg-verlag.de

1. Auflage 2020
© 2020 by mvg Verlag, ein Imprint der Münchner Verlagsgruppe GmbH
Nymphenburger Straße 86
D-80636 München
Tel.: 089 651285-0
Fax: 089 652096

Redaktion: Petra Holzmann
Umschlaggestaltung: Manuela Amode
Umschlagabbildung: shutterstock.com/sdecoret
Satz: ZeroSoft, Timisoara
Druck: GGP Media GmbH, Pößneck
Printed in Germany

ISBN Print 978-3-7474-0224-5
ISBN E-Book (PDF) 978-3-96121-580-5
ISBN E-Book (EPUB, Mobi) 978-3-96121-581-2

Weitere Informationen zum Verlag finden Sie unter

www.mvg-verlag.de
Beachten Sie auch unsere weiteren Verlage unter www.m-vg.de.

Manfred Spitzer

DIGITALES UNBEHAGEN

Risiken, Nebenwirkungen und
Gefahren der Digitalisierung

mvgverlag

INHALT

VORWORT

Von Februar bis September 2019 schrieb ich wöchentlich für die Südwestpresse in Ulm eine Kolumne zum Thema *Digitales Unbehagen* und berichtete über die Risiken und Nebenwirkungen digitaler Informationstechnik. Und weil das Smartphone nun einmal das weltweit am meisten verbreitete und von jedem Nutzer am meisten genutzte digitale Endgerät ist, handeln eine ganze Reihe der Beiträge auch von diesem kleinen Apparat.

Angeregt wurde das Ganze nicht von mir, sondern von meiner ältesten Tochter Ulla in einem Gespräch mit dem Chefredakteur der Südwestpresse; von ihm wurde es nach gut einem halben Jahr auch wieder beendet: genug des Unbehagens. Das wöchentliche Abliefern eines Textes war für mich nicht immer einfach, denn ich wollte so nahe wie möglich am Zeitgeschehen sein und schrieb daher nicht »auf Vorrat«. Aber die vielen kleinen Ermunterungen, die ich von Lesern per Mail oder bei zufälligen Begegnungen auf dem Ulmer Wochenmarkt bekam, machten mir die Arbeit leicht. Und als sie dann beendet war, war ich auch froh darüber, denn es war eben doch – Arbeit!

Irgendwann kam dann die Idee auf, die Beiträge zu überarbeiten, zu ergänzen und in einem Buch gesammelt zu veröffentlichen. Die Münchner Verlagsgruppe nahm diese Idee gerne auf und das Ergebnis ist dieses Buch. Man kann es lesen, wie viele Menschen die Bibel lesen: einfach irgendwo aufschlagen und sehen, was da geschrieben steht. Denn alle

32 Beiträge sind aus sich heraus verständlich und in sich abgeschlossen.

Seit einigen Wochen (Stand: Ostern 2020) ist die Welt eine andere geworden: Wer hätte noch vor wenigen Wochen gedacht, dass die Forderungen von Greta Thunberg und der *Fridays-for-Future*-Bewegung innerhalb weniger Wochen übererfüllt werden würden? Fluggesellschaften weltweit haben 80 bis 95 Prozent aller Flüge eingestellt, die weltweite Ölförderung wurde deutlich verringert, der Kohleverbrauch auch, weswegen in China, Indien und auch in Europa die Qualität der Luft deutlich besser wurde. Die Weltwirtschaft schrumpft. Ein winziges Viruspartikel, das uns Menschen eine Lungenkrankheit pandemischen Ausmaßes beschert hat, verschafft dem Erdball gerade eine Verschnaufpause. Die »Nebenwirkungen« dieser globalen Rosskur für uns Menschen sind dramatisch und werden nicht nur Tote, sondern auch viel Leid (auch durch die wirtschaftlichen Schäden) mit sich bringen.

Schon jetzt ist klar, dass vor allem junge Menschen durch die Krise stark beeinträchtigt sind. Ich meine dabei nicht den Verzicht auf Partys und Kontakte, sondern die Schließung von Bildungseinrichtungen, von Kindertagesstätten und Schulen bis hin zu den Universitäten. Diese geht mit dem massiven Einsatz digitaler Medien einher, von dem sich jetzt, nach etwa 35 Jahren PC und 20 Jahren Internet, überdeutlich herausstellt, wie schlecht damit Bildung gelingt. Sogar Schüler wünschen sich wieder die Öffnung der Schulen und den Unterricht durch Lehrer. Denn der ist durch keinen noch so guten Computer mit noch so schnellem Internetanschluss zu ersetzen! Das zeigt sich vor allem bei den schwachen Schülern. Ein guter Schüler kann allein für sich aus einem Buch lernen – das war schon immer so. Aber je schwächer ein Schüler ist, desto mehr Anleitung, Ermunterung und Strukturierung seiner Lernerfahrungen braucht er durch einen Lehrer. Aus sehr vielen Studien weiß man schon lange, dass digitale Medien die Kluft zwischen starken und schwachen Schülern nicht verkleinern, wie oft behauptet wird, sondern vergrößern. Ich kenne tatsächlich keine einzige Studie, die das Gegenteil – »Die Schwachen profitieren besonders« – aufgezeigt hätte. Die Kluft zwischen den guten und schwachen Schülern nimmt daher gerade jetzt in der Krise stark zu.

Ganz allgemein gilt zudem: Krisen bringen extreme menschliche Verhaltensweisen hervor, extrem gute und extrem schlechte. Welche hervorgebracht werden, hängt davon ab, was schon im Menschen drinsteckt, denn »hervorbringen« bedeutet ja nicht »neu schaffen«, sondern »ans Tageslicht bringen, was schon da ist«. Daraus folgt: Ob wir aus der Krise lernen und an ihr wachsen, hängt nicht vom Virus ab, sondern von uns. *Wir* haben es in der Hand. Das gilt für alle Krisen – Corona- *und* Klimakrise! Es wird höchste Zeit, dass wir lernen, die Krisen zu nutzen, um Veränderungen, die notwendig sind, auch durchzuführen. Und bei manchem, was nun gegen Corona getan wird, sollte bedacht werden, welchen Effekt es auf das Klima hat. Vielleicht hat so die eine Krise eine positive Wirkung auf die andere Krise.

Meine zweite Tochter Anja bekommt gerade ihr drittes Kind und macht sich nicht nur über das Corona-Virus Sorgen, sondern vor allem auch über die Zukunft ihrer Kinder und die Klima-Krise. Und meine jüngste Tochter Anna macht sich mit elf Jahren schon zuweilen Sorgen darum, dass manchen ihrer Mitschüler das Smartphone wichtiger zu sein scheint als ihre Freunde.

Dieses Buch ist meinen drei Töchtern – Ulla, Anja und Anna – gewidmet.

Ulm, an Ostern 2020
Manfred Spitzer

1
SMARTPHONES BEIM ESSEN

Man kann es täglich und überall beobachten: Eltern und Kinder sind zwar beisammen, aber nicht *beieinander*, weil Mama oder Papa auf ihr Smartphone schauen. »So ist das eben heute«, mag der Leser etwas frustriert kommentieren, »da kann man nichts machen, die Zeiten ändern sich.« Man kann sich bei solchen Beobachtungen jedoch des Eindrucks nicht erwehren, dass hier etwas schiefläuft. Die Eltern sind abwesend und die Kinder wollen deren Aufmerksamkeit. Das nervt die Eltern und sie wenden sich erst recht ab. Die Kinder quengeln noch heftiger. Wenn jetzt nicht eine Ablenkung von außen passiert oder einer (vielleicht der Klügere?) nachgibt, kann die Sache eskalieren. Oder die Kinder wenden sich auch ab und es geschieht – nichts.

Besonders leicht lässt sich das in Schnellrestaurants beobachten. Alle haben Hunger, sind etwas genervt, und jeder schaut auf sein Smartphone. Hat das Auswirkungen und, wenn ja, welche?

Glücklicherweise hat sich auch eine US-amerikanische Kinderärztin mit dieser Frage beschäftigt. Sie hat nicht nur in Boston und Umgebung zunächst bei McDonald's, Burger King, Kentucky Fried Chicken und anderen Fast-Food-Restaurants ihre Beobachtungen gemacht und publiziert.[1] Sie hat danach auch im psychologischen »Labor« bei insgesamt 225 Müttern mit ihren sechsjährigen Kindern untersucht, was passiert, wenn die Mutter ihr Smartphone beim Essen zückt.[2]

Der Mutter und dem Kind wurde zuerst jeweils erklärt, dass beide nun eine gemeinsame Mahlzeit bekommen und dabei gefilmt werden. Man wolle nachsehen, wie Mutter und Kind gemeinsam essen. In zufälliger Reihenfolge wurden dann vier unterschiedliche Speisen (auf zwei Tellern, jeweils einen für Mutter und Kind) serviert, die sich in ihrer Bekanntheit unterschieden, also zum Beispiel grüne Bohnen (bekannt) oder Halva, eine in der westlichen Welt recht unbekannte Süßspeise. Die Auswertung ergab zunächst, dass knapp ein Viertel der Mütter beim Essen ihr Smartphone aus der Tasche holte. Die gemeinsame Mahlzeit fand in diesen Fällen also mit Smartphone statt. Man konnte die aufgenommenen Videos daher nun dahingehend analysieren, was geschieht, wenn eine Mutter mit ihrem Kind gemeinsam eine Mahlzeit zu sich nimmt – mit oder ohne Smartphone.

Was kam heraus? Wurde das Smartphone beim gemeinsamen Essen verwendet, sprachen Mutter und Kind 20 Prozent weniger miteinander. Die nicht verbale Kommunikation (Gesten, Blicke, Körpersprache) ging sogar um 39 Prozent zurück. Drittens wurden die Kinder 28 Prozent seltener von ihrer Mutter zum Essen ermuntert.

Diese Auswirkungen waren besonders deutlich, wenn eine unbekannte Speise zum Essen gereicht wurde. Man redete in diesen Fällen 33 Prozent weniger miteinander, die nonverbale Kommunikation nahm um 58 Prozent ab und die Ermunterungen zum Essen erfolgten um 72 Prozent seltener (vgl. Abb. 1).

Smartphones beim Essen verhindern also, dass Mütter mit ihren Kindern reden. Auch wird weniger mit Mimik und Gestik kommuniziert, und die Kinder werden seltener zum Essen ermuntert. Ganz besonders bedeutsam ist, dass dieser Effekt dann besonders extrem ausfällt, wenn es etwas zu lernen gegeben hätte. Wenn es etwas Unbekanntes zum Essen gab, das heißt, wenn Mutter und Kind neue Erfahrungen hätten machen können, wurde besonders wenig miteinander kommuniziert, und auch die Ermunterungen der Mutter nahmen besonders stark ab. Also genau dann, wenn das Kind hätte etwas lernen können, nahm das mütterliche Engagement ab.

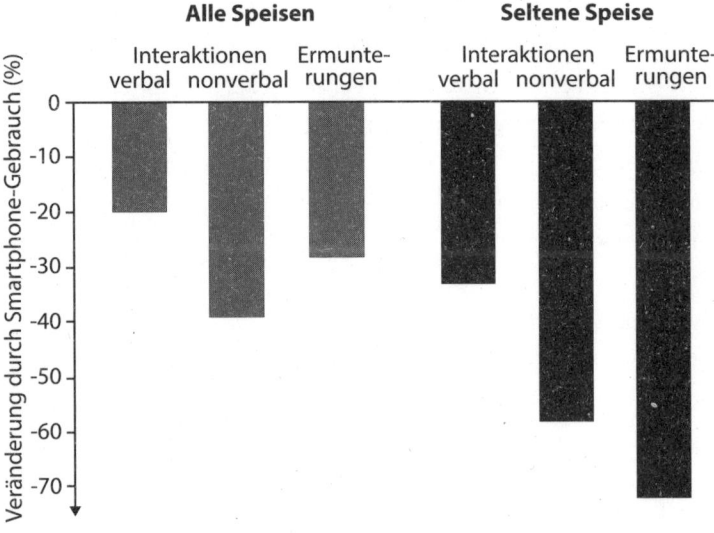

Abb. 1: Prozentuale Verminderungen des sprachlichen Austauschs zwischen Mutter und Kind sowie der Ermunterungen des Kindes zum Probieren durch die Mutter bei allen Speisen und bei einer wenig bekannten Speise.[3]

Weil jedes Kind beim Lernen neuer Erfahrungen die Unterstützung der Eltern braucht, ist die Smartphone-Nutzung der Eltern beim Essen also besonders problematisch, denn ausbleibende Lernprozesse schaden der kindlichen Entwicklung. Bedenkt man nun noch, dass weltweit mehrere Milliarden Smartphones in Gebrauch sind und gemeinsame Mahlzeiten häufig Anlässe für familiäre Kommunikation und damit auch für kindliches Lernen sind, dann ahnt man die Bedeutung dieser Erkenntnisse aus der Wissenschaft.

Wenn Sie also beim nächsten Besuch im Restaurant beim Anblick einer Familie mit Kindern, die während des Essens ein Smartphone gebraucht, ein gewisses Unbehagen erleben, dann liegen Sie – rein wissenschaftlich betrachtet – richtig.

Und wenn Sie gar Verantwortung für kleine Kinder haben – egal ob als Mutter, Vater, Großmutter oder Großvater, Onkel, Tante oder Freund bzw. Freundin der Familie –, dann nehmen Sie diese Verantwortung ernst und das Smartphone bei gemeinsamen Aktivitäten nicht in die Hand.

2
AUSLAGERN? GEHIRNE MACHEN KEINE DOWNLOADS

Warum selbst denken, wenn man diese Arbeit auslagern kann? Diese Frage wird ernsthaft gestellt, oft mit Bezug auf die »Digital Natives«, die weder Telefonnummern noch das kleine Einmaleins auswendig wissen, weder die Hauptstädte Europas noch die Geburtstage ihrer Freunde richtig nennen können und sich weder in Physik, Chemie, Biologie oder Englisch noch an ihrem Wohnort besonders gut auskennen. »Das brauchen sie auch gar nicht! Sie können ja alles googeln. Und zweitens haben sie durch das Auslagern all dieses Wissens viel mehr Platz für anderes Wissen und andere Fähigkeiten (von denen man ja als älterer Uneingeweihter ohnehin keine Ahnung hat). Man braucht sich nur einmal ansehen, wie flink die jungen Leute auf ihrem Smartphone oder ihrem Laptop Texte verfassen oder mit anderen kommunizieren …«

Das Argument scheint zunächst sehr plausibel: Wenn weniger drinnen ist, passt mehr rein; wenn ich also geistige Inhalte nicht mehr im Kopf, sondern auf meinem digitalen Endgerät mit mir herumtrage, dann habe ich im Kopf mehr Platz.

Dieses Argument wird gegenwärtig so oft wiederholt, dass man meinen könnte, es könne gar nicht falsch sein. Und doch ist es vollkommen falsch, wie im Folgenden kurz erläutert wird.

Menschen lernen im Laufe ihres Lebens sehr viel: Laufen, Sprechen, alles, was es in der Welt gibt und wie man es benennt – durch viele einzelne Erfahrungen. Wie wir aus der Gehirnforschung wissen, hinterlässt jegliche geistige Aktivität – Wahrnehmen, Denken, Fühlen, Planen, Wollen etc. – Spuren im Gehirn. Denn geistige Aktivität geht mit der Aktivität von Nervenzellen einher, die miteinander in Kontakt sind und sich elektrische Impulse wechselseitig zuspielen. Diese elektrische Aktivität ist die neuronale Informationsverarbeitung, die bei einem Computer in dessen Central Processing Unit (CPU), also in einem Chip, abläuft. Im Computer gibt es neben dieser Funktionseinheit, die Informationen *verarbeitet*, auch noch eine »Festplatte« (oder einen weiteren Chip), die Informationen *speichert*. Einen solchen Speicher gibt es im Gehirn nicht. Dort ändern sich vielmehr die Verbindungen zwischen Nervenzellen immer dann, wenn sie benutzt werden, also dann, wenn über diese Verbindungen Informationen in Form elektrischer Impulse fließen und dadurch verarbeitet werden. Und diese Verstärkung der Verbindungen zwischen Nervenzellen nennen wir *Lernen*. Gehirne machen also keine Downloads, sondern ändern sich immer dann, wenn sie Informationen verarbeiten. Und diese andauernden Änderungen der Verbindungen zwischen den Nervenzellen *sind* der Speicher. Im Gegensatz zum Computer, in dem die Verarbeitung und die Speicherung von Informationen funktionell und räumlich getrennt sind, gibt es im Gehirn diese Trennung also nicht: Verarbeitung und Speicherung erfolgen in den gleichen Neuronen(vgl. hierzu auch Kap. 19).

Die erste unmittelbare Folge ist: Je mehr das Gehirn verarbeitet, desto mehr speichert es auch. Und die zweite lautet: Je mehr das Gehirn gespeichert hat, desto besser kann es verarbeiten.

Nehmen wir ein Beispiel: Wer in China aufwächst, trainiert seine Sprachzentren mit chinesischem Input, weswegen diese irgendwann Chinesisch »draufhaben«, weil zwischen einigen

Milliarden Nervenzellen ganz bestimmte Verbindungen entstanden sind, welche das Verstehen und die Produktion chinesischer Sprache ermöglichen. Wer hierzulande aufgewachsen ist, dessen Sprachzentren haben meist Deutsch »drauf«, und seit der Schulzeit zusätzlich mindestens auch Englisch.

By the way: Die Sprachzentren eines erwachsenen Menschen funktionieren grundsätzlich viel besser als zu der Zeit seiner Geburt, als sie noch fast nichts konnten. Die Verbindungen wurden sukzessive aufgebaut.

Zwischenfrage: Zwei Deutsche im Alter von 40 Jahren wollen eine neue Sprache lernen, der eine von beiden kann nur Deutsch, der andere hingegen kann Deutsch und noch vier andere Sprachen. Nun lernen beide eine neue Sprache. Wer lernt diese neue Sprache schneller und besser? »Na derjenige, der schon Deutsch und vier weitere Sprachen kann«, antworten nahezu alle Menschen, denen man diese Frage gestellt hat. Und sie haben recht, denn die Wissenschaft hat längst gezeigt, dass es umso leichter ist, eine neue Sprache zu lernen, je mehr Sprachen man schon beherrscht. Die Sprachzentren sind dann gewissermaßen vortrainiert und lernen eine weitere Sprache wegen dieses häufigen Sprachtrainings schneller und besser.

Wie würden Sie reagieren, wenn Ihnen jemand erzählte: »Ich kann fünf Sprachen und denke, dass meine Sprachzentren so langsam voll sind.« Wahrscheinlich würden Sie lachen. Warum? Weil Ihnen intuitiv klar ist, dass dies nicht sein kann, denn wenn einer schon fünf Sprachen spricht, dann fällt es ihm leichter – und nicht etwa schwerer –, eine weitere Sprache zu lernen.

Und wenn jemand in jungen Jahren Englisch in der Schule weglässt, damit er im Alter von 20 Jahren besser Chinesisch lernen kann, weil dann »in seinen Sprachzentren noch mehr Platz frei ist«, dann würden Sie ihn belächeln.

Was für die Sprachen gilt, trifft auch für das Erlernen des Gebrauchs von Werkzeugen, Musikinstrumenten, oder für

Mathematik, das Fußballspielen oder das Briefmarkensammeln zu: Je mehr einer schon weiß und kann, desto einfacher ist es, noch etwas dazuzulernen. Dies gilt für jegliches Lernen beim Menschen. Man spricht auch vom hermeneutischen Zirkel (vgl. Kapitel 18).

Unser Gehirn wird also nicht »voll« in dem Sinne, wie eine Festplatte voll wird. Dies liegt daran, dass es in unserem Gehirn keine Festplatte gibt – und auch nichts, was dieser irgendwie vergleichbar wäre. Denn unser Gehirn ändert sich mit jeder Benutzung, *lernt* also durch seine Benutzung, und verarbeitet dadurch beim nächsten Mal besser. Es hat damit eine Eigenschaft, die zunächst sehr paradox klingen mag: Je mehr schon drin ist, desto mehr passt noch hinein.

Daraus folgt unmittelbar: Alles, was man in der Kindheit und Jugend lernt, macht zukünftiges Lernen leichter. Und es gilt auch: Alles, was man in der Kindheit und Jugend *nicht* lernt, macht das Lernen in der Zukunft schwerer.

Irgendetwas in der Kindheit und Jugend »auszulagern« ist also eine ganz schlechte Idee. Man schafft keinen Platz, sondern behindert weiteres Lernen.

Heutzutage wird viel von der Bedeutung des lebenslangen Lernens geredet. Und gerne wird dabei der gerade diskutierte Gedanke übersehen: Wer in Kindheit und Jugend viel gelernt hat, der ist auch in der Lage (und hat auch Lust dazu!), lebenslang zu lernen. Diese Fähigkeit kann man nicht plötzlich im Alter von 50 Jahren irgendwie trainieren! Man hat sie mit 20 Jahren – hoffentlich – ausreichend trainiert. »Auslagern« bedeutet in Wahrheit: weniger Training und damit geringere Chancen auf lebenslanges Lernen. Das sollte jeder über sich und sein Gehirn wissen!

3
VERNETZTE DINGE
– BEQUEM, ABER
GEFÄHRLICH?

Als man im Jahr 1980 den Standard für Internetadressen einführte (er hörte auf den Namen IPv4), dachte man, dass 32 Bit genügen sollten, denn damit waren 2^{32} (4.294.967.296), also knapp 4,3 Milliarden, Internetadressen möglich. Doch gut 30 Jahre später, am 3. Februar 2011, waren alle Adressen vergeben, und ein neuer Standard musste her. Man ließ sich nicht lumpen und ersann einen viermal so langen (128 Bit) neuen Standard, der 340 Sextillionen (also 340 Milliarden Milliarden Milliarden Milliarden) Adressen erlaubte. Und obwohl damals noch niemand vom Internet der Dinge (IdD) sprach (Sammelbegriff für Technologien, durch die es möglich ist, physische und virtuelle Gegenstände miteinander zu vernetzen und sie durch Informations- und Kommunikationstechniken zusammenarbeiten zu lassen) – dies begann erst 2016 –, hatte man gut dafür vorgesorgt: Denn gemäß der Tatsache, dass die Erde eine Oberfläche von 510 Millionen Quadratkilometern hat, stehen pro Quadrat*milli*meter Erdoberfläche gut 66 Millionen Milliarden Internetadressen zur Verfügung. Da man bis zum Jahr 2025 weltweit mit nur 75 Milliarden »Dingen im Internet« rechnet, sollten die Adressen (die man für die Kommunikation der im Internet miteinander verbundenen Dinge braucht) also noch für einige Jährchen reichen.

75 Milliarden Dinge sind ja auch für jeden Menschen nur etwa zehn, also neben Computer, Smartphone, Tablet/PC, Fernseher und Spielekonsole auch zum Beispiel die Kaffeemaschine, Waschmaschine, die Heizung, der Kochherd und der Kühlschrank. Warum aber sollen alle diese Maschinen überhaupt internetfähig sein? Die offizielle Antwort ist: Weil dann alles noch bequemer wird.

Wollte man vor 40 Jahren eine Pizza essen, musste man zur nächstbesten Pizzeria fahren, bestellen, warten und ... konnte sie dann essen. Vor etwa 20 Jahren wurde es einfacher: Pizza-Service anrufen, und die Pizza wurde zu Hause angeliefert. Heute muss man nur noch »Alexa, besorg mir ne Pizza« sagen, und dann fragt sie vielleicht freundlich, ob sie denselben Service verwenden soll wie beim letzten Mal und dieselbe Pizza oder eine andere Variation ... In naher Zukunft wird es noch einfacher: Der Kühlschrank bemerkt, dass die Tiefkühl-Pizzen alle sind, meldet das dem Supermarkt, und der wiederum liefert zehn neue. Die Pizza ist dann da und muss nur noch in die Mikrowelle mit Grillfunktion. Dies wird in wenigen Jahren ein Roboter erledigen. Die Anweisung »Robi – mach Pizza« reicht dann, und die Wartezeit reduziert sich von einer Stunde auf zwei Minuten. Das Internet der Dinge macht's möglich.

Wenn erst einmal alle in Tüten oder Dosen verpackten Nahrungsmittel, unsere Kleidung und unsere Schuhe, der Regenschirm und der Staubsauger mit dem Internet verbunden sind, dann wäscht sich die Wäsche selbst, dann sagt der nasse Regenschirm dem Staubsauger, dass er auch wischen muss, und es kommunizieren alle Lebensmittel ständig mit dem Kühlschrank, dem Herd, dem Backofen und den Töpfen und Schüsseln darüber, was man als Nächstes kochen könnte.

Das Internet der Dinge ist ungeheuer praktisch und bequem. Man muss weder denken noch sich bewegen, braucht also weder Gehirn noch Muskeln. Dass beide Organe mit den Aufgaben wachsen und daher auch ohne Aufgaben verkümmern, bereitet mir Unbehagen. Das macht mir auch ein bisschen Angst, denn wenn sich meine Küchenmaschinen mit den Inhalten meines Kühl- und Kleiderschranks zusammentun, könnten sie beschließen, dass aus ihrer Sicht die Welt ohne mich viel einfacher und bequemer wäre. Es wäre für diese Gemeinschaft sehr leicht, mich loszuwerden ... Aber vielleicht kommt es ja nicht so schlimm. Dann besteht aber immer noch die Gefahr, dass der Computer, der die Rollläden, die Heizung oder die Haustür steuert, kurzerhand einmal abstürzt, wie das Computer eben nun mal tun – oft einfach so und ohne Grund. Oder sie werden gehackt, weil heute einfach alles gehackt wird, offenbar nur aus dem Grund, dass ein paar Hackern ihre Tätigkeit Spaß macht und sie sich gegenseitig darin überbieten, was man alles hacken kann. Ich erlebte beispielsweise einmal eine Einweihungsparty eines neuen Hauses, die mit heruntergezogenen Rollos ablief, weil diese sich einfach nicht bewegen ließen. Der Computer sträubte sich und war auch von einem rasch herbeigerufenen Spezialisten nicht zur Kooperation zu bewegen.

Ich persönlich backe mein Brot und meine Pizza selbst, bevorzuge ganz einfache händische Lichtschalter, eine ganz normale analoge Heizung und einen Kühlschrank, der nicht für mich einkauft.

4
DER DIGITALE ENERGIEVERBRAUCH

Wöchentlich demonstrierten Kinder und Jugendliche der *Fridays-for-Future*-Bewegung gegen den Ausstoß von Kohlendioxid und die damit verbundene Erderwärmung. Sie müssten dann aber auch gegen YouTube, Netflix, das Skypen und gegen neue Game-Streaming-Dienste demonstrieren, denn all dies produziert Kohlendioxid und erwärmt die Erde. Eine Gruppe französischer Wissenschaftler hat herausgefunden, dass die Produktion und die Benutzung von digitaler Infrastruktur etwa vier Prozent der weltweiten Treibhausgasemissionen verursacht.

Etwa ein Drittel des Datenverkehrs im Internet macht das Streamen von Videos (Netflix) aus, ein weiteres Drittel geht auf das Konto von Internet-Pornografie. Skypen und Gamen kommen dann noch oben drauf. Je hochauflösender das alles funktioniert, desto größer ist auch der Energieverbrauch und damit der »ökologische Fußabdruck« oder – wie man auf Englisch sagt – der »carbon footprint«.

Der Beitrag des Internets zum globalen Treibhauseffekt erscheint vergleichsweise klein, liegt er doch nur bei einem Achtel des Beitrags des Straßenverkehrs. Nachdenklich stimmt jedoch die Tatsache, dass der Anteil des Straßenverkehrs (langsam) sinkt, wohingegen der des Internets rasant ansteigt. Immer genauer sind die Videobilder, immer feiner aufgelöst; und ruckelten sie früher zuweilen etwas, so sind die

Verbindungen heute so schnell (und werden »dank« 5G noch viel schneller), dass die Videos flüssig angezeigt werden. Für das Jahr 2025 prognostizieren die Wissenschaftler eine Verdopplung der Treibhausgas-Produktion durch das Internet auf dann acht Prozent. Damit nähert sich sein ökologischer Fußabdruck dem des weltweiten Flugverkehrs, wie er bis vor wenigen Wochen ablief. Da gab es bereits das Flugschämen, wofür die Schweden nicht nur ein eigenes Wort erfunden haben, sondern wofür sie auch durch Flugverweigerung eingetreten sind: Die Anzahl der Flüge bei der skandinavischen Fluggesellschaft SAS waren schon vor der Conona-Krise rückläufig.

Die fünf Milliarden Euro, die Deutschland für WLAN und elektrifizierte Tafeln (»Smartboards«) an Schulen ausgibt, machen die Sache nicht besser. Sie verbrauchen bei ihrer Nutzung immer Strom, und auch wenn sie nicht gebraucht werden, so verbraucht ihre beständige Präsenz im Netz indirekt zusätzlich Strom. Mit einer herkömmlichen Tafel an der Wand konnte man hierzulande ohne jegliche Treibhausgas-Produktion lernen. Diese Zeiten werden nun aufgrund einer öffentlichen Investition von 5000 Millionen Euro bald vorbei sein.

Hinzu kommt auch das Internet der Dinge (siehe Kapitel 3), das noch einmal sehr viele Informationen generiert und deren Transport, Analyse und Verwertung wiederum sehr viel Kohlendioxid produzieren wird.

Der ganze digitale Hype stimmt nachdenklich, vor allem die Tatsache, dass jeder gegen Dieselautos demonstriert, obwohl deren Fußabdruck – wenn sie schon fahren – geringer ist als der eines Elektroautos, das noch gebaut wird.

Keiner demonstriert gegen die Digitalisierung, den am raschesten wachsenden Feind unseres Klimas. Warum nicht? Offenbar ist die Digital-Lobby noch viel mächtiger als die Auto-Lobby! Ein Gedanke, der mir Unbehagen bereitet.

5
VOM RENDEZVOUS ZUM TINDER-DATE

Vorbei sind die Zeiten, in denen *Sie* ein Taschentuch fallen ließ, *Er* es aufhob und sich so vielleicht eine Beziehung anbahnte. Man schrieb sich Briefe, redete endlos bei Tee oder Kaffee, hielt Händchen und tanzte schließlich beim Dorffest miteinander. In den Achtzigern des letzten Jahrhunderts wurde es schon deutlich unromantischer, beschrieb doch der Sänger Billy Ocean in einem Lied das verbale Annähern bei Paarungsprozessen nüchtern und sachlich mit: »Get out of my dreams, get into my car.«

Heutzutage geht das alles noch viel einfacher: Sogenannte geosoziale Netzwerk-Anwendungen (»geosocial networking apps«) auf Smartphones sind Programme zum Kennenlernen. Diese digitalen Flirt-Portale (auch »hook-up apps« genannt) basieren darauf, dass sie zugleich die mobile Nutzung von Facebook erlauben und den genauen »Standort« des Nutzers kennen und senden. Auf diese Weise findet man nicht nur jemanden, den man auf einem Foto attraktiv findet, sondern auch jemanden, der sich »um die Ecke« befindet und ebenfalls seine »Bereitwilligkeit zum Kontakt« signalisiert hat. »Tut mir leid, ich bin schon vergeben.« Diesen Satz jemandem in einer Disco ins Ohr zu schreien, war gestern. Heute filtert der Digital Native per Smartphone schon vorher die Singles auf der Tanzfläche heraus, die für ihn oder sie infrage kommen.

Das Bekannteste dieser digitalen Flirt-Portale ist *Tinder* (zu Deutsch: Zunder), das hierzulande zwei Millionen und weltweit über 50 Millionen Nutzer hat. Das Handy zeigt Bilder möglicher Partner und diese Bilder wischt man quasi hin und her. Wobei die Richtung wichtig ist, denn nach links bedeutet »kommt nicht infrage«, nach rechts heißt »gefällt mir«. Männer wischen im Schnitt 46 Prozent der Bilder nach rechts, Frauen sind mit 14 Prozent deutlich wählerischer.[4]

Laut einer Publikation im Fachblatt *New Scientist* stellt Tinder täglich etwa 15 Millionen Kontakte (»matches«) her.[5] Eine Studie aus den USA spricht von 1,4 Milliarden »Swipes« (also auf Tinder erfolgende Bewertungen anderer) allein in den USA *pro Tag*.[6] Ein ähnliches digitales Dating-Portal für homo- und bisexuelle Männer existiert bereits seit 2009, hat den Namen *Grindr* und vermittelt ebenfalls Millionen von Kontakten.

Was manchen Menschen als die Erfüllung ihres Traums von ultimativer sexueller Freiheit erscheinen mag, ist für Mediziner ein Albtraum. Man ermittelte im Rahmen medizinisch-wissenschaftlicher Untersuchungen mittlerweile einen klaren Zusammenhang zwischen dem Gebrauch dieser *Beziehungs-Anbahnungs-Apps* und der Häufigkeit von Geschlechtskrankheiten durch »hypereffiziente Transmission«, das heißt Ansteckung. Ein Experte der Britischen Vereinigung für sexuelle Gesundheit meinte: »Man muss kein Genie sein, um zu erkennen, dass solche Programme flüchtige sexuelle Kontakte sehr viel einfacher machen. Diese Art der Verfügbarkeit gab es bis vor Kurzem schlicht nicht.« Gelegenheit macht Liebe, könnte man in Anlehnung an ein bekanntes deutsches Sprichwort auch formulieren. Die Anwender werden lernen müssen, damit verantwortungsvoller umzugehen.

6
DIGITALE SEITENSPRÜNGE

Das Wort »Portal« mag im Internet viele Bedeutungen haben, wörtlich übersetzt heißt das lateinische Wort »porta« ganz einfach »Tür« oder »Tor«, je nach Größe und Form. *Ashley Madison* ist der Name eines »Seitensprungportals« im Internet, das sich selbst als »Dienstleistungsservice für Erwachsene« bezeichnet und gemäß seiner eigenen Webseite in 53 Ländern verfügbar ist. Es wurde schon im Jahr 2002 gegründet und macht unter anderem Werbung mit dem Spruch: »Das Leben ist zu kurz. Gönn' Dir eine Affäre.« Im Gegensatz zu anderen »Portalen«, auf denen man Hemden oder Schuhe kaufen, Reisen, Hotels oder Flüge buchen oder Pizza bestellen kann, geht es bei diesem Internet-Portal also nicht um ein »Ladentor«, sondern um eine Art »Hintertürchen« für untreue Männer und Frauen.

Das Magazin *Time* sprach schon im Jahr 2009 von *Cheating 2.0*, der damals neuen App von *Ashley Madison,* und DIE WELT verkündete ein Jahr später den Start der deutschen Version und half damit kräftig bei der Werbung mit: »Vom Mittelalter bis in die 70er-Jahre war Kuppelei eine Straftat. Heute ist sie ein Geschäft.« Sie erklärte den Deutschen auch gleich, wie die App funktioniert, was sie kostet (mindestens 49 Euro für jede Kontaktaufnahme), was sie der Firma an Gewinn einbringt (im Jahr 2010 waren das 45 Millionen Euro) und warum eine solche App gerade in Deutschland so lukrativ ist (laut Statistik gehen nicht wenige Deutsche fremd).

Im August 2015 kam es allerdings zum Super-GAU für die Firma: Hacker hatten die Daten der damals 32 Millionen Nutzer veröffentlicht – Namen, sexuelle Vorlieben, Adressen, Kreditkartennummern und Passwörter. Dadurch konnte plötzlich jeder sehen, welcher verheiratete Mann gerne eine Affäre hätte. Für viele war das kein Spaß: In Saudi-Arabien steht bis heute auf Ehebruch die Todesstrafe. Die kanadische Polizei brachte zwei Selbstmorde mit der Veröffentlichung der Nutzerdaten in Verbindung, wobei die Dunkelziffer vermutlich höher lag. Weltweit kamen Millionen Männer in Erklärungsnot.

Dass ich hierbei nur von Männern spreche, ist kein Zufall, sondern auch ein Ergebnis dieses Skandals: Denn im Laufe der Affäre kam heraus, dass der Frauenanteil unter den »Millionen Mitgliedern« nicht, wie vom Portal behauptet, bei etwa 30 Prozent lag, sondern nur bei wenigen Tausend (das heißt bei circa 0,01 Prozent). Zehntausende der vermeintlichen Frauen waren »Bots«, also Computerprogramme, die Männer in einen Dialog verwickelten und Interesse an einem sexuellen Abenteuer signalisierten. Nachdem *Er* für näheren Kontakt bezahlt hatte, löste *Sie* sich leider in Luft auf – Sie hatte ja eh nie existiert.

Wie konnte das Ganze überhaupt entstehen? Der Hintergrund war: *Ashley Madison* hatte nie das Ziel, Männer und Frauen zusammenzubringen, vielmehr bestand das Ziel des Portals darin, mit Männerfantasien Geld zu scheffeln. Das macht Werbung ebenfalls, vollkommen legal und millionenfach. Fantasien sind heute nicht mehr das, was sie einmal waren: harmlose private Hirngespinste. Vielmehr werden sie heute, wie man so schön sagt, *monetarisiert*, das heißt durch clevere anonyme Geschäftemacher mit klangvollen Namen direkt in Geld umgewandelt – von Programmen, die im Internet »laufen« und auf die Menschen hereinfallen.

Liebe, Sexualität und Fortpflanzung beflügelten schon immer die Fantasie der Menschen. Dass die Fantasievarianten heute noch größer sind als früher, hat auch technische Gründe: Wir konnten schon immer Sex ohne Liebe und Liebe ohne Sex haben. Mittlerweile gibt es auch Sex ohne Kinder und Kinder ohne Sex. In all diesen Fällen entscheiden sich Menschen für oder gegen bestimmte Handlungen. Das Seitensprungportal jedoch diente niemandem außer den Profitinteressen von ein paar Menschen mit einer skrupellosen parasitären Geschäftsidee: ein Dienstleistungsportal, das niemandem einen Dienst leistete. Man nennt so etwas auch »kriminelle Abzocke«. Das Unbehagen, das viele Menschen der digitalen Welt entgegenbringen, gründet sich nicht zuletzt auf solche Vorkommnisse, von denen es sehr viele gibt: Das Internet ist nicht nur der weltweit mit Abstand größte Rotlichtbezirk, sondern auch ein globaler Tatort für kriminelle Machenschaften. »Behaglich« ist es im Internet nicht.

7
VON FACEBOOK-UNTREUE
BIS TWITTER-SCHEIDUNG

War in Kapitel 5 schon von der digitalen Anbahnung von Beziehungen die Rede, so geht es in diesem Kapitel um deren digitale Ausgestaltung und digitales Ende. Schon seit Jahren spricht man nicht nur von »Facebook-Eifersucht«, sondern ganz allgemein von Untreue in sozialen Netzwerken bis hin zu den zuweilen gravierenden Folgen für eine Beziehung, für die der Ausdruck »Twitter-Scheidung« stellvertretend steht. Ergänzen könnte man diesen Reigen nach neueren Studien noch um die Instagram-Unzufriedenheit, die aus dem Posten von aufgehübschten Selfies langfristig für Beziehungen folgt.[7]

Die negativen Auswirkungen von sozialen Netzwerken auf Paarbeziehungen sind schon seit Jahren Gegenstand wissenschaftlicher Untersuchungen. Man weiß daher mittlerweile sehr gut, dass soziale Netzwerke zu ständigen Vergleichen mit anderen, zu Neid und Eifersucht sowie zu Spannungen zwischen den Partnern führen können.[8] Dies geben sehr viele Nutzer tatsächlich an, wenn man sie danach fragt! Die meisten sind sich dieser Tatsache jedoch nur selten deutlich bewusst, das heißt, diese negativen Effekte werden nicht wahrgenommen, sie werden für sich selbst negiert (»Das machen alle anderen, aber ich doch nicht!«) und nicht öffentlich diskutiert (»Wie peinlich ist das denn?«). Kurz: Die meisten Betroffenen blenden die ungünstigen Auswirkungen von »Social Media« auf ihre Beziehung einfach aus – auch dies war ein Ergebnis entsprechender Studien: Mann/Frau will das einfach nicht wahrnehmen beziehungsweise wahrhaben.

Eine US-amerikanische Studie zu den Auswirkungen von sozialen Netzwerken auf die Qualität und die Stabilität von Paarbeziehungen hat den bezeichnenden Titel »Das dritte Rad: Der Einfluss der Nutzung von Twitter auf Paar-Beziehungen im Hinblick auf Treue und Ehescheidung«.[9] Im Rahmen dieser Untersuchung wurden 581 aktive Nutzer von Twitter im Alter von 18 bis 67 Jahren (Durchschnittsalter: 29 Jahre) zu ihrer Beziehung befragt. Die aufwendige statistische Auswertung der Daten konnte zeigen, dass Twitter-bezogene Probleme nicht selten zum Ende der Beziehung beitrugen oder deren Beendigung direkt verursachten. Die Länge der bereits bestehenden Beziehung hatte dabei keinerlei Einfluss! Wer also der Meinung ist, die eigene Beziehung werde das schon aushalten, weil sie ja schon einige Jahre andauert, könnte danebenliegen. »Die Ergebnisse unserer Studie legen nahe, dass die aktive Nutzung von Twitter zu einer Vergrößerung des Ausmaßes an Twitter-bezogenen Konflikten führt, die ihrerseits zu Untreue, Trennung und Scheidung führen«, mahnt der US-amerikanische Autor Russel B. Clayton mit deutlichen Worten.

Es gibt sehr viele Gründe für Ehescheidungen, keineswegs nur die Untreue eines Partners. Verfällt beispielsweise einer der Partner einer Sucht (Drogen, Alkohol, Glücksspiel und mittlerweile auch Computer- und Internetsucht), so stellt er langfristig seine eigenen Bedürfnisse über die der Familie und des Partners. Ich habe im Laufe meines beruflichen Lebens als Psychiater schon sehr viele Fälle von beendigter Beziehung aufgrund von Sucht erlebt. Die Grenzen zu anderen psychischen Störungen sind fließend, denn auch ein Maniker kann sein Haus in einer Nacht verspielen, nicht nur ein Glücksspielsüchtiger.

Ganz allgemein steigen die Scheidungsraten vor allem bei Menschen über 55 Jahren deutlich an, wohingegen sie bei der jüngeren Generation eher abnehmen. Dies widerspricht der These, dass soziale Netzwerke Beziehungen gefährden, keineswegs. Es zeigt lediglich, dass Beziehungen heute komplexer geworden sind und Scheidungen heute weniger stigmatisiert und damit auch allgemein eher akzeptiert sind als früher.

Entgegen ihrem Namen haben soziale Netzwerke eher unsoziale Effekte auf unser Leben. Sie verringern nachweislich unsere soziale Zufriedenheit, bewirken Ängste und Depressivität, bis hin zu mehr Suiziden, und fördern Einsamkeit und soziale Isolation.[10] Nutzt man soziale Netzwerke allerdings als Werkzeuge für Verabredungen und kurzen Austausch, so können sie unser Sozialleben unterstützen. Findet unser Sozialleben hingegen vor allem in sozialen Netzwerken statt anstelle im realen Miteinander, erlauben wir diesen Netzwerken einen sehr ungünstigen Einfluss auf unser Leben. Das sollte jeder wissen.

8
COMPUTERSPIELE –
AUSBEUTUNG UND
GESUNDHEITSSCHÄDEN

Krankenkassen interessieren sich mittlerweile für die gesundheitlichen Auswirkungen von Computerspielen. Das sollten nicht nur alle wissen, die über E-Sport, Computer an Schulen oder den Digitalpakt nachdenken, sondern überhaupt alle vernünftigen erwachsenen Menschen. Denn die drei Millionen Jugendlichen zwischen 12 und 17, die in Deutschland regelmäßig Computerspiele spielen, schaden ihrer Gesundheit und sind zugleich noch nicht voll für sich selbst verantwortlich. Das sind wir, die Erwachsenen, die ihnen die Mittel zur Verfügung stellen, diesem »Zeitvertreib« nachzugehen.

Kann man oder vielmehr sollte man überhaupt seine Zeit »vertreiben«? Schließlich ist das eigene Leben – ohne Hunger, Durst, Krankheit oder Schmerzen – das Wertvollste, was man hat. Warum sollte man es »vertreiben«? Wenn junge Menschen angeben, dass »Zeitvertreib« der Hauptgrund sei, warum sie spielen, und wenn sie zugleich angeben, dass sie sehr viel »Druck« und »Stress« haben, dann kann irgendetwas einfach nicht stimmen!

Am 5. März 2019 erschien die neueste Studie der DAK-Gesundheit zum Thema Computerspiele.[11] (Die DAK ist nach der Techniker Krankenkasse und der BARMER Deutschlands drittgrößte private Krankenkasse.) Sie trägt den Titel »Geld für Games – wenn Computerspiel zum Glücksspiel wird«. Laut dieser Untersuchung sind 465.000 (das heißt 15,4 Prozent) der Jugendlichen sogenannte Risiko-Gamer, also Spieler, die Schulprobleme, emotionale Probleme oder Verhaltensprobleme haben, unter Aufmerksamkeitsstörungen und Unruhe leiden und vermehrt aggressiv sind. So verwundert es nicht, dass Computerspiele zu Schulversagen und geringerer Bildung führen, wodurch das Lebenseinkommen und damit die sozialen Aufstiegschancen im Erwachsenenalter vermindert sind. Das sollten junge Menschen wissen, wenn sie ihre Zeit damit verbringen, Leute virtuell mit einem Auto zu überfahren, um Punkte zu bekommen, oder menschenähnliche Monster abzuschlachten, je grausamer, desto mehr Punkte gibt es ... So »vertreiben« sie sich ihre Zeit. Nur die Amerikaner sagen das noch drastischer: They »kill« time.

Die Krankenkassen werden für die gesundheitlichen Schäden durch Computerspiele langfristig bezahlen müssen: Übergewicht und Haltungsschäden, Ess- und Schlafstörungen, Kurzsichtigkeit, vielfache Ängste und Spielsucht sind neben mangelnder Bildung Risikofaktoren für die häufigsten chronischen Krankheiten (Herz- und Kreislauferkrankungen, Krebs, Depression, Demenz, stoffgebundene Sucht sowie chronische Rücken- oder Gelenkbeschwerden).[12]

Und warum das Ganze? Weil große Firmen die Zeit von Jugendlichen als Geldquelle entdeckt haben: Jugendliche bezahlen im Durchschnitt 92 Euro pro Monat für ihren »Zeitvertreib«, der oft zwar »kostenlos« erscheint, bei dem man aber während des Spielens Waffen, Rüstungen und alle möglichen virtuellen Dinge kaufen kann, um noch erfolgreicher im Spiel zu sein.

Man hat Computerspiele in Anlehnung an die Begriffe der Hard- und Software auch schon als »Exploitationware« bezeichnet, das heißt als »Instrumente der Ausbeutung«.[13]

Dürfen wir Erwachsene wirklich zulassen, dass Firmen unsere Kinder ausbeuten, um Gewinne zu scheffeln, wohingegen für die Kosten der Schäden durch Computerspiele die Allgemeinheit aufkommen muss?

Es ist letztlich immer das gleiche Muster, das den »Turbokapitalismus« antreibt: Man erfindet einen Mechanismus, der die Zeit der Menschen zu Geld macht und den Menschen schadet. Die Gewinne werden privatisiert, die Kosten sozialisiert, das heißt, einige wenige werden reich und alle bezahlen am Ende die Zeche. Ist das sinnvoll? Handeln wir verantwortlich, wenn wir dies zulassen? Eines ist sicher: Die Kassen werden am Ende genauso bezahlen, wie jeder Einzelne mit seiner Lebenszeit und seinem Geld bezahlt.

9
COMPUTERSPIELE ZWISCHEN GAMING UND GAMBLING

Während man im Deutschen einfach nur von »Spielen« spricht, unterscheidet das Englische zwischen »Gaming« und »Gambling«, also zwischen »Spiel« und »Glücksspiel«. Das Spielen ist Kindern und Jugendlichen erlaubt, das Glücksspiel jedoch nicht. Dies hat einen guten Grund: Das Glücksspiel kann zur Sucht werden.

Es ist daher außerordentlich problematisch, wenn hierzulande immer wieder zum Glücksspiel im Computerspiel aufgefordert wird. Denn Glücksspiele sind für Personen unter 18 Jahren verboten. Weil nun aber das Glücksspiel vielfach als Computerspiel getarnt ist, greift das Verbot – in Deutschland – (noch) nicht. In den Niederlanden und Belgien mittlerweile schon, denn dort ist Glücksspiel innerhalb von Computerspielen verboten.

Wie stellen es die Spielehersteller an, Glücksspiel im Computerspiel zu verstecken? Hier kommen sogenannte Lootboxen ins Spiel, das heißt virtuelle Kisten, die Schätze oder Waffen enthalten und beim Spielen gefunden oder gekauft werden können – für »Spielgeld« oder für richtiges Geld. Das Wort setzt sich zusammen aus den englischen Wörtern »loot« (Beute) und »box« (Kiste). Fette Beute machen mit diesen Kisten die Hersteller von Computerspielen bei ahnungslosen jungen Menschen, denn mit den Lootboxen werden die eigentlich klaren Grenzen zwischen Geschicklichkeitsspiel (wie beispielsweise Fußball) und Glücksspiel (wie Lotto oder Roulette) verwischt.

Aus gutem Grund dürfen Kinder und Jugendliche Fußball spielen, das Glücksspiel ist jedoch erst ab 18 Jahren erlaubt. Denn es kann Sucht erzeugen und darüber hinaus jungen Menschen wirtschaftlich schaden. Im britischen Fachblatt *Lancet Psychiatry* haben Psychiater aus York und London einen Beitrag mit dem Titel »Beutekisten und die Annäherung von Videospielen und Glücksspielen« publiziert, der sich kritisch mit der Problematik der Lootboxen auseinandersetzt.[14]

Die Autoren führen Argumente dafür an, dass man durch die Möglichkeit des Kaufs von Lootboxen, deren Inhalt sich im Spiel zufällig ändert, ein Element des Glücksspiels in Computerspiele einführt, das – wie man aus der Suchtforschung weiß – Suchtverhalten fördert. Sie führen zwei in diesem Jahr hierzu publizierte empirisch-wissenschaftliche Arbeiten an, die den Zusammenhang zwischen dem Kauf von Lootboxen im Spiel und der Spielsucht herstellen; dieser Zusammenhang – und das stimmt besonders nachdenklich – ist bei Jugendlichen größer als bei Erwachsenen. In Großbritannien, Australien und den USA beschäftigen sich daher Jugendschutzkommissionen mit dem Problem. »Die Zusammenhänge zwischen problematischem Spielverhalten und dem Geldausgaben für Lootboxen sind deswegen so besorgniserregend, weil die Lootboxen vor allem in Spielen vorkommen, die besonders an Kinder vermarktet werden: Mehr als die Hälfte der derzeit hauptsächlich verkauften Spiele für mobile Endgeräte enthalten Lootboxen. Und volle 94 Prozent dieser Spiele werden als geeignet für Kinder ab 12 Jahren angesehen«, schreiben sie hierzu.

Dass wir hierzulande nur ein Wort – »Spiel« – haben, um sowohl Geschicklichkeits- als auch Glücksspiele zu benennen, sollte uns definitiv nicht daran hindern, diesen Unterschied zu machen. Alle, die Verantwortung für Kinder und Jugendliche haben, sollten es also halten wie die Briten und »Gaming« und »Gambling« unterscheiden. Das sind wir der nächsten Generation zu deren Schutz ganz einfach schuldig.

10
E-SPORT IST KEIN SPORT

Mit »E-Sport« werden Wettkämpfe innerhalb von Computerspielen im Mehrspielermodus bezeichnet, die von Wettkampfveranstaltern organisiert werden und bei denen es bis zu eine Million Euro Preisgeld zu gewinnen gibt. E-Sport ist in einigen wenigen Ländern der Erde (zum Beispiel in Brasilien, China, Frankreich und den USA) von den dortigen Sportverbänden als Sportart anerkannt. Hierzulande hingegen können die meisten Menschen (circa 80 Prozent) mit dem Wort »E-Sport« nichts anfangen. 75 Prozent der Spieler – man nennt sie »Gamer« – sind jünger als 35 Jahre, fast alle sind männlich.[15]

Man könnte das Ganze als Kuriosität und abwegige Zeitverschwendung abtun, wäre da nicht der Koalitionsvertrag der gegenwärtigen Regierung aus dem Jahr 2018, in dem es (auf Seite 48) heißt, dass »E-Sport wichtige Fähigkeiten schult, die nicht nur in der digitalen Welt von Bedeutung sind, [und] Training und Sportstrukturen erfordert. [Daher] werden wir E-Sport künftig vollständig als eigene Sportart mit Vereins- und Verbandsrecht anerkennen und … unterstützen.« Hierbei geht es um nichts weniger als um die Gemeinnützigkeit des Sports, also um die Antwort auf die Frage, ob das virtuelle Spielen von Krieg und Terroranschlägen sowie das Abschlachten von Monstern *gemeinnützig* ist und damit steuerlich begünstigt werden soll.

Zwar wird oft hervorgehoben, dass auch virtuelle Formen von Sportarten wie Fußball (Fifa) oder Bogenschießen zum E-Sport gehören, schaut man sich jedoch die Wettbewerbe genauer an, dann geht es fast nur um Computerspiele meist ziemlich gewalttätiger Art.

Seit November 2017 gibt es in Deutschland mit dem eSport-Bund Deutschland (ESBD) eine starke Lobby, zu deren Gründungsmitgliedern die Hersteller und Anbieter digitaler Spiele, der Turnierveranstalter *Electronic Sports League (ESL)* und sogenannte *E-sport-Clans* gehören, in denen man Spiele wie *Counter-Strike, Warcraft-III, StarCraft II, League of Legends* etc. spielt. Bei den nächsten Olympischen Spielen in Asien kann man davon ausgehen, dass dort elektronische Spiele, in denen man entweder allein oder als Gruppe (Mannschaft) mit virtuellen Waffen gegen Monster kämpft, olympische Disziplin werden, denn sie sind dort längst fester Bestandteil der Kultur: Statt Bundesligafußballern schaut man in Korea samstags und sonntags am Fernseher zur besten Sendezeit Monster killenden Gamern zu. Da das jeweilige Land, das die Olympischen Spiele ausrichtet, das Recht hat, fünf neue Sportarten vorzuschlagen, werden Olympische Spiele in Asien mit Goldmedaillen in Killerspielen immer wahrscheinlicher.

Gemäß dem »Leitbild des Deutschen Sports« vom *Deutschen Olympischen Sportbund* kann E-Sport nicht gemeinnützig sein. Dort steht: »Würde und Freiheit der Person stehen im Mittelpunkt. Auf dieser Basis bekennen sich die Vereine und Verbände zu einem humanistisch geprägten Menschenbild [...]. Ihr Sportangebot dient dem Menschen zur bewegungs- und körperorientierten Persönlichkeit und strebt Gesundheit in physischer, psychischer und sozialer Hinsicht an. Insbesondere für Kinder und Jugendliche [...]. In Verantwortung für kommende Generationen und die Umwelt fördern die Vereine und Verbände des Sports eine nachhaltige Sportentwicklung.«

Die *negativen* Folgen von Computerspielen für die Entwicklung der Persönlichkeit und Gesundheit in physischer, psychischer und sozialer Hinsicht sind bekannt. Computerspiele können nachweislich zur Sucht führen, denn nicht zuletzt sind sie so programmiert, um diesen Effekt zu erzeugen. Die Computer- und Internetsucht ist zudem seit Sommer 2018 offiziell von der Weltgesundheitsorganisation (WHO) als Krankheit anerkannt.

Computerspiele führen zu Kurzsichtigkeit, Haltungsschäden sowie zu Bewegungsarmut und Übergewicht, zu Aufmerksamkeitsstörungen, Schlafstörungen, Diabetes, sozialem Rückzug, Denkstörungen und Depression, vermehrter Aggressivität sowie verminderter Lebensqualität. Darüber hinaus fördern Computerspiele Schulversagen und mangelnde Bildung, wodurch sich das Lebenseinkommen und damit die sozialen Aufstiegschancen reduzieren.

Die – im Koalitionsvertrag behaupteten – »positiven Wirkungen« bestehen dagegen nicht, sondern werden von einer mächtigen Lobby unbegründet behauptet. Dass die weltweit bekannten und sehr gut publizierten negativen Folgen von Computerspielen im Koalitionsvertrag mit keinem Wort erwähnt werden, zeigt sehr deutlich, wie gut die Lobbyarbeit der E-Sport- und Computerspielverbände funktioniert. Falschaussagen waren schon immer ein probates Mittel, um Geschäfte zu machen. Man denke nur an die Tabaklobby und an deren über Jahrzehnte wiederholte Falschaussagen zu einem Fehlen eines Zusammenhangs zwischen Rauchen und Lungenkrebs.

E-Sport macht aus der Freizeit von jungen Menschen Geld (siehe die Kapitel 8 und 9). Er nützt nicht der Gemeinschaft, sondern schadet ihr nachweislich. Wer beabsichtigt, ihn für »gemeinnützig« zu erklären, handelt unverantwortlich. Dass so etwas im Koalitionsvertrag steht, bereitet mir großes Unbehagen! Hat hier niemand etwas verstanden?

11
SMARTPHONE-VERBOT
FÜR KINDER

Am 15. Februar 2019 machte eine Nachricht in deutschen Zeitungen die Runde: »Internetexpertin der Bundesregierung will Smartphone-Verbot für Kinder unter 14 Jahren«. Dies forderte die Regierungsberaterin Julia von Weiler – seit 2003 Geschäftsführerin der internationalen Nichtregierungsorganisation *Innocence in Danger* (englisch für *Unschuld in Gefahr*), die sich gegen sexuellen Missbrauch von Kindern und die Verbreitung von Kinderpornografie durch digitale Medien einsetzt. Ihr Argument ist einfach: »So, wie wir Kinder vor Alkohol oder anderen Drogen schützen, sollten wir sie auch vor den Risiken einer zu frühen Smartphone-Nutzung schützen.«[16]

Ein Blick in die international publizierte medizinische Fachliteratur zeigt, dass man dem nur zustimmen kann. Die Smartphone-Sucht ist von der WHO als Krankheit anerkannt, und die durch Smartphones verursachten Schäden der körperlichen, geistigen und psychosozialen Entwicklung von Kindern sind nachgewiesen.[17]

Betrachten wir eine im Januar 2019 publizierte Untersuchung kanadischer Wissenschaftler an 2441 Kindern, deren Entwicklungsstand im Alter von zwei, drei und fünf Jahren gemessen wurde.[18] Hierbei zeigte sich, dass das Ausmaß der vor Bildschirmen (Fernseher, Computer, Tablet, Smartphone) verbrachten Zeit im Alter von zwei und drei Jahren zu einer

Beeinträchtigung der kindlichen Entwicklung im Alter von drei und fünf Jahren führte. Wichtig war der Nachweis des zeitlichen Zusammenhangs: Die Zeit der Zweijährigen vor dem Bildschirm beeinträchtigt ihre ein Jahr später gemessene Entwicklung, und ebenso beeinträchtigt die Bildschirmzeit der Dreijährigen ihren Entwicklungsstand mit fünf Jahren. Umgekehrt war es nicht so, dass ein Rückstand in der Entwicklung zu mehr Bildschirmmedienkonsum führte. »Die dummen Kinder hängen eben mehr vor Bildschirmen ab«, ist also eine falsche Aussage. »Viel Zeit vor Bildschirmen schadet der geistigen Entwicklung von Kindern« wurde hingegen – wieder einmal – sehr klar bestätigt.

Ganz ähnlich waren die im September 2018 publizierten Befunde einer Untersuchung von 4524 Kindern im Alter von acht bis elf Jahren aus 20 Städten der USA ausgefallen[19]: Je mehr Bildschirmmedien die Kinder konsumierten, desto beeinträchtigter war deren geistige Entwicklung.

Die deutsche BLIKK-Studie vom Sommer 2017, in der Kinderärzte 5573 Kinder verschiedenen Alters genau untersuchten, konnte klar zeigen, dass der Smartphone-Gebrauch bei zwei- bis fünfjährigen Kindern zu Konzentrationsstörungen und Störungen der Sprachentwicklung führt, bei den Acht- bis 14-Jährigen zu Aufmerksamkeitsstörungen und Übergewicht und bei 13- bis 14-Jährigen zum Erleben von Kontrollverlust.[20]

Die gleiche Studie hatte weiterhin zum Ergebnis, dass stillende Mütter einjähriger Kinder, die sich statt auf ihr Kind auf das Smartphone konzentrieren, einen schlechteren Schlaf haben, weil das Kind mehr schreit. Es schreit nach der Aufmerksamkeit der Mutter, die es offensichtlich beim Stillen nicht bekommt.

Angesichts dieser Datenlage und der Fülle weiterer medizinisch-wissenschaftlicher Untersuchungen zu den ungünstigen

Auswirkungen von Smartphones auf die geistige und körperliche Entwicklung von Kindern und Jugendlichen verwundert es nicht, dass im November 2019 der Präsident des Berufsverbandes der Kinder- und Jugendärzte ein Smartphone-Verbot für Kinder unter zwölf Jahren gefordert hat. Die meisten Mediziner, manche Pädagogen und einige wenige Politiker sehen das mittlerweile auch so. Die WHO ist beim Thema Bildschirmmedien im Kindesalter sehr klar: Weniger ist besser.

Unsere Erkenntnisse über den Gebrauch von Smartphones bei Kindern machen deutlich, wie wichtig ein solches Verbot ist. Eine Reihe von Studien über das Nutzungsverhalten von Kindern bis 14 und Jugendlichen bis 18 Jahren zeigen, dass heute jedes zweite Kind zwischen sechs und sieben Jahren mit dem Smartphone umgeht, wenig später das erste eigene Gerät bekommt und dann völlig auf sich gestellt den wahrlich nicht kindgerechten Inhalten (Hinrichtungsvideos, Hardcore-Pornografie, unbemerkte Abzocke) ausgesetzt ist. Dies ist für sehr viele Kinder sehr traumatisierend, wie Kinderärzte und Kinderpsychotherapeuten und Sozialarbeiter wissen.

In ihrer Meldung »Kein eigenes Smartphone unter zwölf« vom 1.11.2019 schrieb die FAZ:[21] »Kinder brauchen kein eigenes Smartphone. Kaufen Eltern ihnen trotzdem eines in jungen Jahren, können sie sie kaum noch schützen. Aus pragmatischen Gründen ist ein Verbot unumgänglich.« Und weiter hieß es erläuternd: »Ein Smartphone-Verbot für Kinder muss man schon deshalb vehement fordern, weil die Durchsetzung eines solchen wahrscheinlich in Kürze aussichtslos sein und festgefahrenen sozialen Konventionen widersprechen wird. Denn auf diesen gesellschaftlichen Zustand bewegen wir uns gerade mit großen Schritten zu.«

Interessanterweise hatten die Meinung des obersten Kinderarztes Deutschlands und auch die Kommentare in der Presse etwa die Lebensdauer einer Eintagsfliege: keine weitere ernsthafte Diskussion, keine ernsthafte inhaltliche Auseinandersetzung, kein ernsthafter Ruf nach Technikfolgenabschätzung. Es geschah – nichts! Offenbar hat hier die Lobby – mit Abstand die reichste Lobby der Welt – in Windeseile ganze Arbeit geleistet. Dass wir als verantwortliche Erwachsene unsere Kinder vor Smartphones nicht besser schützen, bereitet mir großes Unbehagen.

12
SMARTPHONES AN SCHULEN: VERSCHENKEN ODER VERBIETEN?

Wie Bildungseinrichtungen – von den Kindergärten über die Schulen bis zu den Universitäten – mit digitaler Informationstechnik umgehen sollen, ist umstritten: »Wir brauchen viel mehr«, sagen die einen, »das stört nur beim Lernen«, sagen die anderen. Die Bandbreite der Meinungen könnte nicht größer sein, und auch die Argumente sind ganz unterschiedlich, wie sich am Beispiel des Umgangs mit Mobiltelefonen klar zeigen lässt: Internate sprachen Handy-Verbote aus, damit mehr gelernt werden kann. Umgekehrt schaffte der Bürgermeister von New York vor Jahren das zuvor zehn Jahre lang bestehende Handy-Verbot an den dortigen Schulen ab, um damit eine vermeintliche Ungleichheit zu mindern.[22]

Die einen Schulen benutzen im Unterricht Handys als didaktisches Hilfsmittel, in anderen Schulen gibt man sein Handy beim Betreten ab. In Schweden nehmen die Schüler während des Unterrichts ganz selbstverständlich Telefongespräche an (denn das ist Teil ihrer persönlichen Freiheit) und gehen zum Telefonieren dann vor die Tür. (Aus meiner Sicht sollten Schüler hierzulande auf diese Freiheit besser verzichten, denn ein geordneter Unterricht ist kaum möglich, wenn permanent die Handys klingeln und die Schüler rein- und rausgehen.)

»Wir müssen die neue Technik in unseren Unterricht integrieren«, sagen die einen, »wir müssen Kinder und Jugendliche vor diesen Ablenkern und Zeitfressern schützen«, halten die anderen dagegen.

Die Unsicherheit ist beträchtlich, weil im Prinzip vollkommene Unkenntnis herrscht. Auf Ideologien oder Bauchgefühle sollte man solche Entscheidungen nicht gründen, schon gar nicht auf den Profitinteressen einiger Firmen! Aus meiner Sicht ist die Datenlage nach wissenschaftlichen Studien zu dieser Frage, die es durchaus gibt, recht eindeutig. Was geschieht, wenn man Handys verschenkt oder verbietet, wurde nämlich längst untersucht.

So verschenkten US-amerikanische Wissenschaftler ein iPhone an 24 Studenten, die zuvor noch kein Smartphone besessen hatten, um dessen Auswirkungen auf das Lernen zu untersuchen.[23] Die Studenten durften das iPhone für ein Jahr völlig frei benutzen, während eine zusätzlich aufgespielte Software ihre Nutzungsgewohnheiten aufzeichnete. Es zeigte sich, dass die Studenten durchaus versuchten, das Gerät zur Bewältigung ihres Lernpensums zu verwenden. Zu Beginn der Studie und nach Ablauf des Jahres wurden den Studenten die gleichen Fragen zu ihrem Lernerfolg mit ihrem Smartphone gestellt, die sie jeweils auf einer Skala von 1 (trifft überhaupt nicht zu) bis 5 (trifft genau zu) beantworten sollten (Abb. 2). Das Ergebnis der Studie war eindeutig: Der Nutzen des iPhones beim Lernen wurde zu Anfang von den Studenten sehr optimistisch eingeschätzt; nach einem Jahr jedoch waren die Erfahrungen ernüchternd: Das Smartphone unterstützte ihren LernprozeMeinicht, es half nicht bei den Hausaufgaben, ihre Noten oder Prüfungen wurden nicht positiv beeinflusst und es lenkte stark ab – so das klare Fazit der Studenten. Ihre Noten verschlechterten sIch während des Jahres mit dem iPhone sehr signifikant.

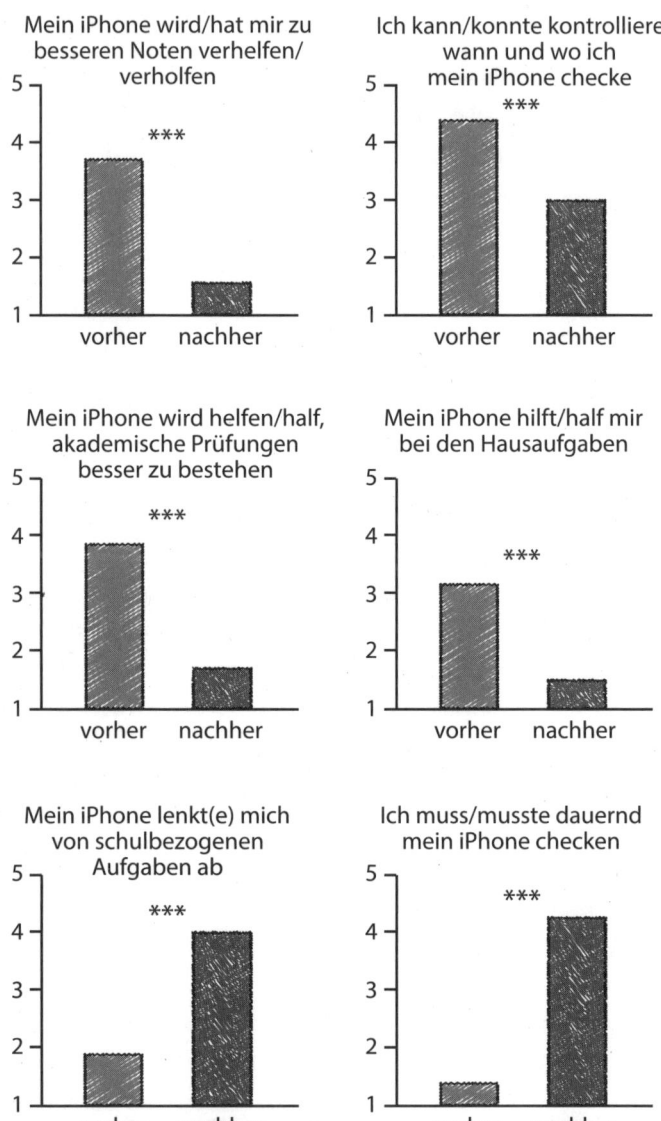

Abb. 2: Ergebnisse der Studie zum Verschenken eines iPhones an Studenten. Zu Beginn waren sie optimistisch, nach einem Jahr der Nutzung pessimistisch. Alle Unterschiede sind hochsignifikant (was durch die drei Sternchen angezeigt wird).[24]

Britische Wissenschaftler untersuchten, was geschieht, wenn man Handys an Schulen verbietet. Sie machten sich die Tatsache zunutze, dass in Großbritannien zwischen den Jahren 2002 und 2012 an neun Sekundarschulen (Highschool) mit insgesamt 130.482 Schülern an vier Standorten (Birmingham, London, Leicester und Manchester) ein Mobiltelefonverbot ausgesprochen wurde.[25] Die Schüler wurden hierfür vom Ende der Grundschulzeit bis zum Ende ihrer Zeit an der Highschool (also im Alter von elf bis 16 Jahren) nachverfolgt. Da mehr als 90 Prozent aller Teenager während des Untersuchungszeitraums ein Mobiltelefon besaßen, ließ sich aus diesen Daten berechnen, wie sich ein Verbot der Handy-Nutzung in der Schule auf die Leistungen der Schüler auswirkte – und zwar sowohl durch Mein Vergleich der Leistungen derselben Schüler in den Jahren vor und nach dem Handy-Verbot als auch durch den Vergleich der Leistungen dieser Schüler mit den Leistungen von Schülern in Schulen ohne Handy-Verbot.

Die Autoren fanden heraus, dass ein Handy-Verbot zu einer signifikanten Verbesserung der Leistungen der Schüler führte. Besonders wichtig erscheint zudem das Ergebnis, dass der Effekt umso größer war, je schwächer die Leistungen der Schüler bei der Einführung des Verbots in der Schule waren. Die Autoren der Studie kommentieren ihre Ergebnisse sehr klar, auch mit Blick auf den New Yorker Bürgermeister: »Schulen könnten daher die Abhängigkeit des Bildungserfolgs von der sozialen Schicht deutlich vermindern, wenn sie Mobiltelefone verbieten. Umgekehrt dürfte die Aufhebung eines solchen Verbots in New York zu einer unbeabsichtigten Erhöhung der [durch die soziale Schichtenzugehörigkeit bedingten] Bildungsungleichheit führen.«

Betrachtet man die Auswirkungen des Handy-Verbots über die Jahre hinweg, so zeigt sich, dass der Effekt zahlenmäßig zunimmt und statistisch signifikant bleibt (siehe Abb. 3). Je mehr Jahre Unterricht die Schüler also ohne Handy verbringen, desto mehr profitieren sie davon.

Mobiltelefone schaden dem Lernen, wenn man sie an Schüler verschenkt; werden sie an Schulen verboten, steigen die Leistungen der Schüler. Die Ergebnisse der Studien sind klar. Wann handeln wir endlich danach?

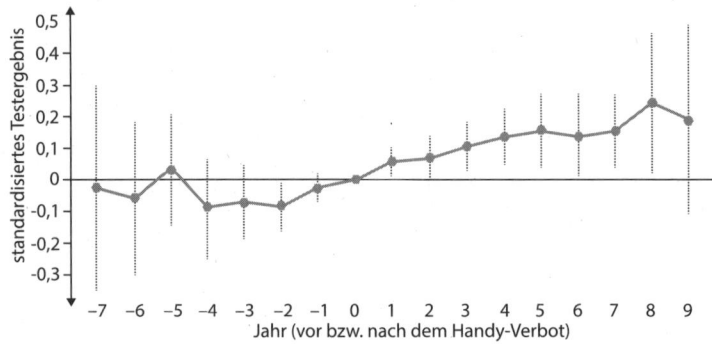

Abb. 3: Die Auswirkung des Handy-Verbots an 90 britischen Schulen auf die Leistungen der 16-jährigen Schüler in der Abschlussprüfung. Die Daten aller Schulen wurden auf den Zeitpunkt des Verbots und den Testwert zuvor bezogen, der auf »0« gesetzt wurde. Man sieht, dass die Leistungen der Schüler in den Jahren nach dem Verbot zunehmen (die Fehlerbalken werden ganz rechts größer, weil weniger Messwerte in die Auswertung eingingen).[27]

13
DER DIGITALPAKT –
EIN SKANDAL

Im Rahmen des *Digitalpakts Deutschland 2018* wurde zunächst das Grundgesetz geändert, um zu ermöglichen, dass sich der Bund an Ausgaben von insgesamt fünf Milliarden (also 5000 Millionen) Euro für WLAN und digitale Endgeräte an Schulen beteiligen kann. Deutschland solle nicht länger »im Vergleich zu anderen Ländern bei der Digitalisierung weit abgeschlagen hinterherhinken«, wie man immer wieder und überall vernehmen konnte.

Was sind die Folgen? Bereits 2012 wurden im Fachblatt *Science* wissenschaftliche Arbeiten publiziert, die zeigen, dass (1) mit E-Büchern weniger gelernt wird als mit Büchern aus Papier[28] und dass (2) die Verwendung digitaler Suchmaschinen wie Google zu weniger Lernen führt als die bisher üblichen Quellen[29] wie Zeitungen, Zeitschriften und vor allem Bücher (siehe auch Kapitel 19). Eine Metaanalyse[30] über Daten vieler Studien zum Vergleich des Lesens von Bildschirmen mit dem Lesen von Büchern kam zu dem klaren Ergebnis, dass beim Lesen von Büchern deutlich mehr verstanden wird und im Gedächtnis hängen bleibt als beim Lesen von Bildschirmen. Kurz: Aus wissenschaftlicher Sicht sind Bildschirme zum Lernen weniger gut geeignet als Bücher.

Betrachten wir einige weitere Ergebnisse aus der Wissenschaft.

(1) Mitschreiben führt zu mehr Lernen als das Mittippen, wie eine große Studie zweier Professoren aus den USA bereits im Jahr 2014 feststellte.[31]

(2) Liegt das eigene Smartphone auf dem Schreibtisch, ohne zu klingeln oder irgendwelche anderen Geräusche von sich zu geben, reduziert es das Denkvermögen und den Intelligenzquotienten deutlich, wie entsprechende Messungen der geistigen Leistungsfähigkeit zeigen.[32] Man verglich Situationen mit einem Smartphone entweder auf dem Schreibtisch liegend oder in der Tasche neben dem Tisch oder in einem anderen Raum befindlich. Es zeigte sich: Das Smartphone in Sicht- und Griffweite reduziert den IQ etwa um die Größenordnung der Differenz zwischen IQ-Durchschnitt am Gymnasium und an der Realschule. Unterrichtet man also am Gymnasium, und liegt bei den Schülern das Smartphone auf dem Tisch, hat man nur noch Realschüler vor sich!

(3) Lernen die Schüler im Unterricht mit Laptop und Internet – so eine US-amerikanische Untersuchung –, wird im Durchschnitt ein volles Drittel der Unterrichtszeit mit Social Media, Einkaufen, Chatten, Sportnachrichten, Videos und Computerspielen verbracht: Je mehr, desto schlechter sind am Ende die Noten.[33] Des Weiteren wurde der Zusammenhang zwischen der am Computer mit den Unterrichtsinhalten verbrachten Zeit und dem Lernerfolg berechnet. Mit einem sehr überraschenden Ergebnis: Es gab keinen. Die Korrelation war gleich null. Die Ergebnisse sagen klar aus, dass Computer den Unterricht stören, weil sie ablenken, und dass Computer, selbst wenn sie so verwendet werden, wie man sich das vorstellt, den Unterricht nicht verbessern.

(4) An der US-Militärakademie in West Point wurden die Auswirkungen der Digitalisierung des Unterrichts an den dortigen hoch motivierten Elitestudenten methodisch aufwendig erforscht, das heißt mit einer kontrollierten randomisierten

Studie.[34] Deren Ergebnis war eindeutig: In den Klassen ohne Computer wurde signifikant mehr gelernt als in den Klassen mit digitaler Technik.

(5) Und schließlich zeigt die Analyse von Daten aus der PISA-Studie in mehr als 50 Ländern über zehn Jahre hinweg einen sehr deutlichen *negativen* Zusammenhang zwischen Investitionen in die Digitalisierung von Schulen und den Veränderungen der Schulleistungen der Schüler: Je mehr ein Land (pro Kopf Schüler) in die Digitalisierung der Schulen investiert hatte, desto *schlechter* wurden die Leistungen der Schüler im Beobachtungszeitraum (Abbildung 4).[35]

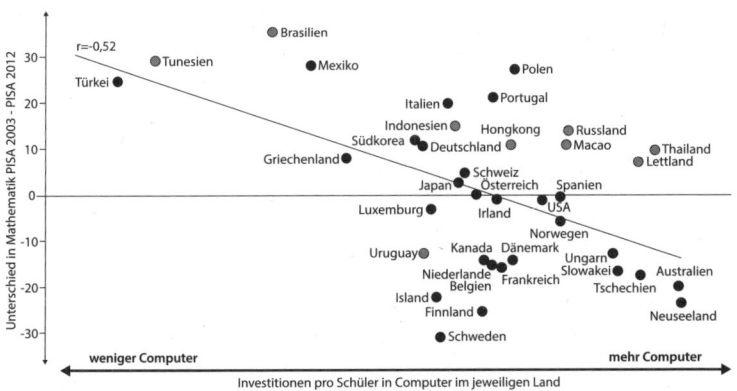

Abb. 4: Veränderung der Leistungen von 15-Jährigen in Mathematik zwischen 2003 und 2012 in Abhängigkeit von Investitionen in Computer und digitalisierten Unterricht in unterschiedlichen Ländern der OECD (schwarze Punkte) und weiteren Ländern, die nicht der OECD angehören (graue Punkte; nach Schleicher 2015, S. 151). Die Korrelation ist mit –0,52 negativ, das heißt, je mehr ein Land in die Digitalisierung der Schulen (berechnet pro Schüler) im Beobachtungszeitraum investiert hatte, desto deutlicher nahmen die Leistungen der Schüler in Mathematik ab.

Was geschieht, wenn wir fünf Milliarden Euro für die Digitalisierung von Schulen ausgeben, wissen wir also: Die Schüler werden weniger lernen – etwa 20 Prozent.

Die reichsten Fünf – Apple, Google, Microsoft, Amazon und Facebook – stehen längst nicht mehr in den Startlöchern, was die Entwicklung von Lern- und Schulsoftware anbelangt, sie sind schon voll im Geschäft. In den USA kommt bereits heute jeder zweite Schul-Laptop von Google – mitsamt den Inhalten.

Mit der eingangs erwähnten Grundgesetzänderung wird also den Bundesländern die Bildungshoheit abgenommen, um sie faktisch an kalifornische Firmen, die reichsten der Welt, weiterzureichen. Diese Firmen sind dafür bekannt, dass sie unsere Zeit und damit unser Leben – wie man heute sagt – *monetarisieren*, also in Geld verwandeln – ohne Rücksicht darauf, dass sie uns damit großen Schaden zufügen. Der Digitalpakt Deutschland hilft ihnen dabei. Dies ist ein unverantwortlicher finanzieller, pädagogischer und bildungspolitischer Skandal!

Noch eines sei kurz erwähnt: Selbst im Hightech-Spätzle-Land Baden-Württemberg fällt immer noch und keineswegs selten die Schule aus, weil kein Lehrer da ist. Man braucht keine Hattie-Studie, um zu wissen, dass der Lehrer der mit Abstand wichtigste Bestandteil eines guten Unterrichts ist. Funktionierende Toiletten und wasserdichte Dächer sind auch nicht unwichtig. Das Smartboard an der Wand oder das Internet in der Luft sind in Relation gesehen unwichtig. Warum man fünf Milliarden für Schulen nun nicht für mehr Lehrer ausgibt, sondern für Geräte, die in wenigen Jahren Elektroschrott sind, lässt sich nicht vernünftig begründen. Es ist vielmehr Ausdruck der Lobbyarbeit der reichsten Firmen der Welt, die unseren Kindern schaden, ihrer Gesundheit und ihrer Bildung.

14
FAKE NEWS DURCH TWITTER

Lügen mögen zwar kurze Beine haben, wie das alte Sprichwort sagt, sie haben sich jedoch schon immer schneller verbreitet als Wahrheiten. Sie haben also eher lange Beine, und
man sollte vielleicht besser von einer erhofften Kurzlebigkeit
von Lügen sprechen als von einer Kurzbeinigkeit. Denn die
Wissenschaft hat mittlerweile eindeutig und klar festgestellt,
dass »Lügen schon um die halbe Welt gelaufen sind, während
die Wahrheit noch dabei ist, sich die Schuhe anzuziehen«, wie
es ein Kommentator in einer Wissenschaftszeitschrift in dra-
matischer Bildsprache ausgedrückt hat.[36]

Haben Sie sich schon einmal überlegt, warum man wohl
von Gerüchteküchen spricht, nicht jedoch von Wahrheits-
küchen? Das liegt letztlich an einer ganz einfachen Tatsache: Wahrheiten überraschen uns meist nicht, weil sie in das
Weltwissen eingebettet sind, das jeder Mensch schon hat.
Deswegen sind die meisten Wahrheiten langweilig. Aussagen
wie »Im Herbst reifen die Kartoffeln«; »2 + 2 = 4« etc. – alle
ganz langweilig. Anders ist es mit Aussagen wie: »Der Papst
ist schwanger.« Hier werden wir aus mindestens zwei Gründen stutzig, denn diese Aussage widerspricht gleich mehrfach
unserem bestehenden Weltbild.

Wenn nun irgendein »Nachrichtendienst« eine Wahrheit
und eine Falschheit meldet, welche von beiden würden Sie interessanter finden? Wenn dann dieser Nachrichtendienst zudem
nicht von verantwortungsvollen Journalisten betrieben wird (zu

deren Job es gehört, Nachrichten auf ihren Wahrheitsgehalt zu überprüfen, bevor sie verbreitet werden), sondern von Laien, dann können Sie sich ausmalen, was geschieht: Wir ertrinken in einer Flut falscher Nachrichten.

Seit im März 2018 eine Arbeitsgruppe am MIT (Massachusetts Institute of Technology) im Fachblatt *Science*[37] eine Studie zur Verbreitung von Twitter-Nachrichten publizierte, brauchen wir uns nichts mehr auszumalen, denn wir *wissen* es jetzt: Lügen verbreiten sich viel schneller als die Wahrheit, *vor allem online.* Die Studie untersuchte die Verbreitung von 126.000 auf der Kommunikationsplattform Twitter in den Jahren 2006 bis 2017 verbreiteten Nachrichten in Abhängigkeit davon, ob sie wahr oder falsch waren. Diese Nachrichten wurden von etwa drei Millionen Menschen insgesamt etwa 4,5 Millionen Mal weiterverbreitet (Abb. 5).

Das Ergebnis: Falsche Nachrichten verbreiten sich im Vergleich zu wahren Nachrichten schneller, weiter und tiefgründiger als wahre Nachrichten. Wahre Nachrichten brauchten im Vergleich zu falschen Nachrichten sechsmal so lang, bis sie 1.500 Leute erreichten. Falsche Nachrichten wurden zudem mit 70 Prozent höherer Wahrscheinlichkeit mit anderen Nutzern geteilt als wahre. Die häufigsten falschen Nachrichten wurden für gewöhnlich tausend- bis hunderttausendmal weiterverbreitet, wahre Nachrichten hingegen nur selten mehr als tausendmal.

Woran liegt das? An der menschlichen Neugier, das heißt an unserem Hunger nach unerwarteten, überraschenden Nachrichten. Dieser lässt sich mit Falschheiten viel leichter stillen als mit langweiligen Wahrheiten. »Der Papst ist schwanger« ist viel interessanter als »der Papst ist nicht schwanger«. Es ist das Zusammentreffen unserer menschlichen Neugierde mit den Möglichkeiten und der Geschwindigkeit des Internet, was uns Fake News beschert. Diese sind ein notwendiger Teil des

Geschäftsmodells von Twitter. Wer also glaubt, man könne dies einfach reparieren, der irrt.

RESEARCH   *Science* **359**, 1146–1151 (2018)   9 March 2018

SOCIAL SCIENCE

The spread of true and false news online

Soroush Vosoughi,[1] Deb Roy,[1] Sinan Aral[2]*

We investigated the differential diffusion of all of the verified true and false news stories distributed on Twitter from 2006 to 2017. The data comprise ~126,000 stories tweeted by ~3 million people more than 4.5 million times. We classified news as true or false

Abb. 5: Faksimile der Überschrift und des Anfangs der Zusammenfassung der Arbeit im Fachblatt Science.[38]
Übersetzung: »Forschung – Science 359, 1146–1151 (2018)
9. März 2018
SOZIALWISSENSCHAFTEN
Die Verteilung von wahren und falschen Nachrichten online
Soroush Vosoughi, Deb Roy, Sinan Aral
Wir untersuchten die Unterschiede in der Verteilung nachweislich wahrer und falscher Nachrichten, die auf Twitter von 2006 bis 2007 verbreitet wurden, Die Daten setzen sich aus etwa 126.000 Geschichten, die von etwa drei Millionen Menschen mehr als 4,5 Millionen Mal weitergeleitet wurden, zusammen. Wir klassifizierten [zunächst] die Nachrichten als wahr oder falsch …«

Vielleicht besteht aber dennoch Grund zum Optimismus, denn Twitter hat sich seit seiner Gründung im Jahr 2006 deutlich verändert. Der Bloggingdienst begann als harmlose Social-Media-App, die davon lebte, dass man sich nur wenige Wörter (maximal insgesamt 140 Zeichen) mitteilen konnte, sodass nicht auffiel, wenn man sich tatsächlich auch nur wenig zu sagen hatte. »To twitter« bedeutet im Deutschen wörtlich »zwitschern«, man könnte auch sagen: Geplapper. Twitter begann also als Plattform für Geplapper unter Freunden. Demgegenüber fühlt es sich heute an »wie ein Gespräch an einer surrealen Straßenecke, an der man von einem Mob wütender Geister umgeben ist, die einen in die Enge treiben und die Familie bedrohen«, wie dies kürzlich im Fachblatt *New Scientist*[39] zu lesen war. Dort heißt es weiter: »Auf Twitter kann man in einer Stunde mehr unappetitliche Charaktere treffen als während tagelanger Wanderungen durch die eher rauen Gegenden irgendeiner Großstadt.«

Die Gründe dafür sind bekannt. Die über die Jahre hinweg erfolgten Bemühungen von Twitter, den Missbrauch und das Mobbing auf der Plattform zu stoppen, haben nicht funktioniert. Twitter scheint für politisch kontroverse Personen und Thesen nach wie vor *die* Plattform zu sein. Früher teilte man harmlose Meinungen, heute werden auf Twitter hochgradig politisierte Beleidigungen, Hassbotschaften und Todesdrohungen verbreitet. »Es macht keinen Spaß mehr«, so die abschließende Bewertung im Fachblatt.

Wenn dies tatsächlich so ist, dann könnte die Möglichkeit bestehen, dass die Firma, deren Geschäftsmodell in der Verbreitung von Falschheit liegt, an ihrer eigenen unguten Entwicklung zugrunde geht. Bis dahin sorgt sie vor allem für digitales Unbehagen.

15
RADIKALISIERUNG
DURCH YOUTUBE

Das Internet-Videoportal YouTube wurde 2005 gegründet und gehört seit 2006 Google. Mit 1,5 Milliarden Nutzern und einer Milliarde Stunden Nutzung pro Tag durch die Weltbevölkerung hat YouTube das Fernsehen als Leitmedium für bewegte Bilder abgelöst. Zwischen diesen beiden Medien gibt es jedoch viele Unterschiede, von denen einer aber kaum bekannt und schon gar nicht den meisten Menschen bewusst ist: Während beim Fernsehen *wir* bestimmen können, was *wir* schauen wollen, wählt YouTube die meisten Videos selbst aus und spielt sie auch gleich ab.

Hierfür verwendet YouTube einen Algorithmus, der vordergründig dem Verbraucher ähnliche Videos zeigt wie das, was er vorher gesehen hat, in Wahrheit jedoch das Ziel hat, den Nutzer so lange wie irgend möglich an die Mattscheibe des Computers, Tablets oder Smartphones zu binden. Denn YouTube zeigt dort gleichzeitig auch Werbung, und sein Besitzer Google lebt von Werbeeinnahmen. Damit die Leute »dranbleiben«, spielt YouTube automatisch als nächstes Video ein etwas radikaleres Video ab, als es das vorherige war. Beginnt man zum Beispiel mit einem Video zum Thema »Joggen«, landet man wenige Videos später bei »Ultramarathon«; beginnt man mit »vegetarisch«, schaut man bald »vegan«; beginnt man mit »Bill Clinton«, landet man bei »Karl Marx«; und beginnt man mit »George W. Bush«, landet man einige Videos später beim »Ku-Klux-Klan«. Die Ursache dafür ist, dass YouTube so am meisten verdient, das heißt, es geht letztlich um Profitmaximierung.

Insbesondere bei politischen Inhalten ist die Tendenz zur Radikalisierung sehr deutlich. Die Empfehlungen von You-Tube führen die Zuschauer zu Kanälen, die Verschwörungstheorien, einseitige parteiische Meinungen und irreführende Videos verbreiten – selbst dann, wenn die Zuschauer keinerlei Interesse an solchen Inhalten haben. Und wenn YouTube bestimmte politische Tendenzen beim Zuschauer entdeckt, empfiehlt ihm YouTube Videos, die seinen Vorurteilen entsprechen – mit extremeren Meinungen.

Weil etwa 70 Prozent der auf YouTube geschauten Inhalte von dessen Empfehlungsverfahren automatisch vorgeschlagen werden, bedeutet dies: Weltweit sehen sich 1,5 Milliarden YouTube-Nutzer täglich etwa 700 Millionen Stunden lang Videos an, deren Inhalte *automatisch* radikaler sind als die Ansichten der Menschen, die diese Videos betrachten.

Diese Situation ist vor allem aufgrund der vielen jungen Nutzer von YouTube besonders gefährlich. Und weil ein von Google verkaufter Laptop für Schüler in den USA einen Marktanteil von über 50 Prozent hat und mit vorinstalliertem YouTube-Zugang geliefert wird, ist diese Gefahr auch sehr real. Denn damit läuft sogar *in der Schule* Radikalisierung automatisch als Programm ab!

Die Journalistin Zeynep Tufekci, die dies am 8. März 2018 in der *New York Times* öffentlich gemacht hat, kommentiert ihre Erkenntnisse wie folgt: »Diese Lage der Dinge ist nicht akzeptierbar, aber auch nicht unvermeidbar. Es gibt keinen Grund dafür, eine Firma so viel Geld verdienen zu lassen, indem sie potenziell dazu verhilft, Milliarden von Menschen zu radikalisieren, und gleichzeitig der Gesellschaft die Kosten hierfür aufdrückt.«[40]

Google, eine der reichsten Firmen der Welt, privatisiert Gewinne und vergemeinschaftet Kosten – und die Radikalisierung der Weltbevölkerung wird nicht nur in Kauf genommen, sondern ist Teil des Geschäftsmodells. Wer also YouTube nutzt, der unterstützt dieses Geschäftsmodell. Man kann dazu stehen, wie man will, aber eines ist klar: Soziale Marktwirtschaft, die diesen Namen verdient, sieht anders aus.

16
KEIN KINDERSCHUTZ BEI YOUTUBE

Wenn Kinder ein internetfähiges Endgerät haben, führen sie damit vor allem zwei Aktivitäten aus: Spielen und YouTube-Gucken. Das Internetportal YouTube, auf dem die Weltbevölkerung täglich eine Milliarde Stunden Videos anschaut (wir sprachen im vorherigen Kapitel darüber), ist das neue Fernsehen mit schier unendlich vielen Inhalten, die – und das ist anders als beim Fernsehen – nach Wunsch sofort verfügbar sind.

Beim Fernsehen gibt es ein Programm, das man einschalten oder abschalten kann und das im Falle des Kinderfernsehens mehr oder weniger kindgerecht von den Machern des Programms produziert wurde. Auf YouTube hingegen kann jeder Videomaterial »einstellen« beziehungsweise hochladen, das dann runtergeladen und angeschaut werden kann. Man findet das Material mithilfe von Stichwörtern, die man bei YouTube oder einer Suchmaschine eingeben kann. Praktischerweise gehört YouTube der Firma Alphabet, die früher »Google Inc.« hieß und der heute die weltweit am meisten verwendete Google-Suchmaschine und andere Firmen gehören. Google lebt von Werbung, und die wird nicht nur beim Suchen, sondern eben auch dann angesehen, wenn jemand YouTube-Videos ansieht.

YouTube hat keinen Programmdirektor oder gar Intendanten, denn das Material kommt ja von jedermann. Daher ließ sich auch nicht verhindern, dass Menschen, denen das Wohl von Kindern egal zu sein scheint, Inhalte produzierten (und dies noch immer tun), die zwar zunächst so aussehen wie Micky Mouse oder Spider-Man, sich aber als gewaltverherrlichend, sexualisiert oder obszön herausstellen. Dies führte in den USA zu einem Skandal, von dem hierzulande kaum die Rede war. Weil die kleine Prinzessin Elsa aus dem erfolgreichen Disney-Film »Die Eiskönigin« in vielen Videos als Objekt von Gewalt zu sehen war, wurde er unter dem Namen »#ElsaGate« bekannt.

»Viele Videos beginnen harmlos, doch dann wird es perfide: Ausgerechnet inmitten der Fantasiewelt ihrer Helden stoßen Zwei- bis Fünfjährige auf blutige Inszenierungen, gefälschte Superhelden-Videos mit Sex- und Fäkalszenen, Disneyfiguren beim Suizid, Horrormotive und Gewalt in nachgespielten Filmszenen. Die Flut von Grausamkeiten ist geeignet, die Seelen der Zielgruppe massiv zu verstören.

Betroffen sind Kanäle, die zu den beliebtesten Quellen für Kinderinhalte überhaupt zählen. Die Produzenten des gefälschten [...] Filmmaterials sind unbekannt, sie agieren ohne Rücksicht auf den psychischen Schaden, den ihre Machwerke anrichten. Viele Spuren führen offenbar nach Osteuropa. Das Motiv der Fälscher: Klicks – und damit Einnahmen. Ab 10.000 Abrufen schaltet Youtube Werbung, die den Urhebern Geld bringt. Einzelne der Videos wurden bis zu 50 Millionen-mal angeklickt«, konnte man hierzu in deutschen Medienberichten lesen.[41]

Halten wir fest: Auf YouTube und sogar auf dessen Kinderportal YouTube Kids findet man kindgerechte Inhalte, aber leider auch Gewalt und Pornografie. Empfohlen und auch gleich nach dem Ende des vorangegangenen Videos abgespult wird das nächste Video vom YouTube-Empfehlungs-Algorithmus, von dem bekannt ist, dass er die Leute an den

Bildschirm »fesselt«, indem er immer radikalere Inhalte zeigt (vgl. Kapitel 15).

Ein internationales Forscherteam hat nun im März 2019 mehr als 130.000 Videos für Kinder von ein bis fünf Jahren dahingehend analysiert, was YouTube als nächstes Video vorschlägt.[42] Wie sich zeigte, war das in sechs Prozent der Fälle ein Video, das nur für Betrachter ab 13 Jahren geeignet ist. Mit jedem weiteren vorgeschlagenen Video stieg diese Wahrscheinlichkeit – auf 45 Prozent beim zehnten von YouTube vorgeschlagenen Video. YouTube schlägt also nicht nur zunehmend radikale Videos vor, sondern auch Videos, deren Altersbegrenzung ansteigt. Es gibt zwar auch eine Kinder-YouTube-Seite, aber die meisten Kinder verwenden die Geräte der Eltern und die ganz normale YouTube-Seite. Und hier gibt es ganz offensichtlich keinen Kinderschutz. Maximiert wird vielmehr die vor dem Bildschirm verbrachte Zeit – weltweit. Als Vater bereitet mir das Unbehagen.

17
DEMENT DURCH FERNSEHEN?

Im Jahr 2018 war bei 95,4 Prozent der TV-Haushalte in Deutschland der Fernsehempfang ausschließlich digital. Im gleichen Jahr schauten die Deutschen im Durchschnitt täglich dreieinhalb Stunden und sieben Minuten fern. Schon lange ist bekannt, dass der Fernsehkonsum der Deutschen mit dem Lebensalter in Zusammenhang steht: Je älter die Leute sind, desto mehr schauen sie im Durchschnitt in die Röhre beziehungsweise auf den Flachbildschirm.

Ungünstige Auswirkungen des Fernsehens auf die geistige Leistungsfähigkeit wurden zwar schon lange vermutet, gute Daten hierzu lagen jedoch bislang nur für den Fernsehkonsum von jungen Menschen vor. Bei Kindern und Jugendlichen schadet Fernsehen der geistigen Entwicklung. Zudem beeinflusst es den Bildungsgrad, den jemand erreicht, negativ. Dachte man früher, dass mit dem Fernsehen die Bildung in den letzten Winkel dieser Erde vordringen würde, so weiß man heute, dass das genaue Gegenteil der Fall ist: Im Kindes- und Jugendalter schadet das Fernsehen nachweislich der Bildung eines Menschen. Nicht so klar waren jedoch bislang die Schäden durch den Fernsehkonsum im Alter.

Dies änderte sich mit einer neuen britischen Studie zu den Auswirkungen des TV-Konsums auf die geistige Leistungsfähigkeit im Alter. Durchgeführt wurde sie an 3590 geistesgesunden Teilnehmern (also *ohne* Demenz) über 50 Jahre, die im Durchschnitt 67 Jahre alt waren.[43] Zunächst wurde herausgefunden, dass Frauen beziehungsweise allein lebende, nicht mehr arbeitende, ungebildetere und ärmere Menschen mehr fernsehen als Männer beziehungsweise verheiratete, arbeitende, gebildetere und wohlhabendere Menschen. Zu Beginn der Studie im Jahr 2008 wurde die geistige Leistungsfähigkeit der Teilnehmer mit bekannten Testverfahren (Gedächtnis für Wörter, Wortflüssigkeit) gemessen. Sechs Jahre später wurden diese Messungen wiederholt. Es zeigte sich ein dosisabhängiger negativer Einfluss des TV-Konsums ab 3,5 Stunden Fernsehen pro Tag. Dieser ließ sich nicht durch Krankheit oder mangelnde körperliche Aktivität erklären, sondern lag am Fernsehen selbst.

Schon vor Jahrzehnten wurde das Fernsehen als eine »besondere kulturelle Aktivität beschrieben, bei der rasch wechselnde fragmentierte dichte sensorische Reize einerseits mit der Passivität des Betrachters andererseits kombiniert sind«. Aufgrund dieser Eigenschaften ist das Fernsehen – wie viele andere kulturelle Aktivitäten auch – möglicherweise deutlich gesundheitsschädlicher, als bisher angenommen wurde – auch und gerade im Alter.

Der tägliche TV-Konsum hierzulande beträgt bei den 50- bis 59-Jährigen knapp 4,5 Stunden, bei den 60- bis 69-Jährigen gut fünf Stunden und bei den über 70-Jährigen 5,5 Stunden (Abb 6). Angesichts der demografischen Entwicklung wird mit einer deutlichen Zunahme demenzieller Erkrankungen in den nächsten Jahrzehnten gerechnet, was unser Gesundheitssystem stark belasten wird. Daher besteht dringender Forschungsbedarf: Wir müssen selbst über unsere »alltäglichen«, aber möglicherweise gesundheitsschädlichen Gewohnheiten nachdenken, zu denen das Fernsehen definitiv gehört. Wenn sich wissenschaftlich bestätigt, dass das Fernsehen zu Demenz führt, besteht auch akuter Handlungsbedarf!

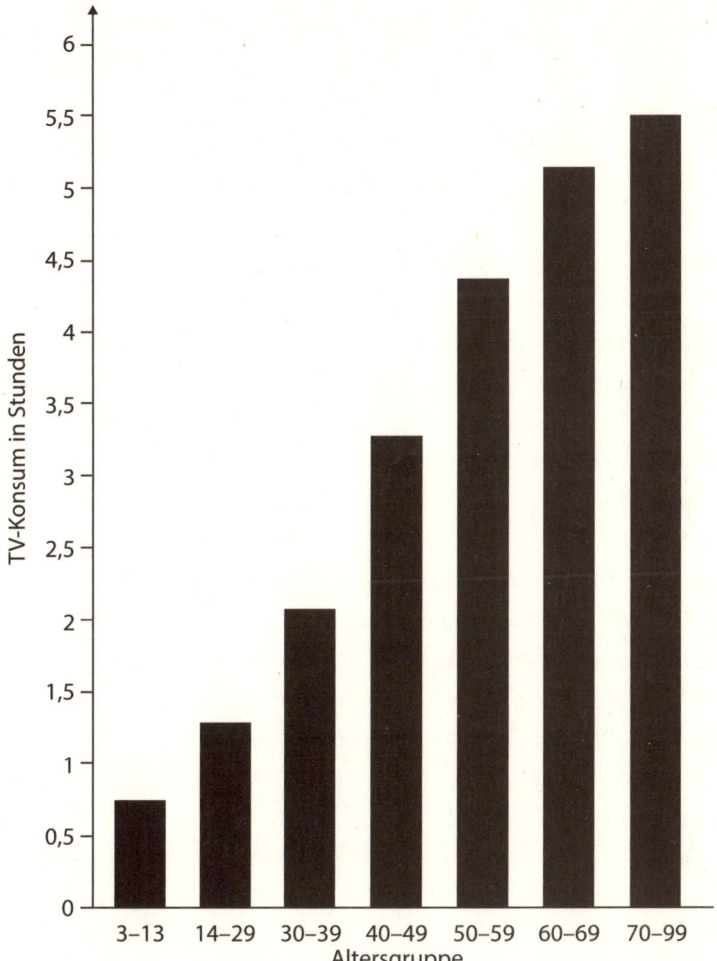

Abb. 6: Täglicher Fernsehkonsum in Deutschland in Abhängigkeit vom Lebensalter (nach Spitzer 2019b). Je höher das Lebensalter, desto länger wird ferngesehen.

18
MORBUS GOOGLE

Ingenieure der Firma *Microsoft* publizierten bereits im Jahr 2009 eine Studie, die erforschte, was passiert, wenn Laien eine Suchmaschine verwenden, um sich über medizinische Themen zu informieren. Dazu analysierten die Wissenschaftler einige Tausend solcher Suchläufe bei der größten Suchmaschine der Welt.[44]

Was sie dabei herausfanden, gibt sehr zu denken: Eine medizinbezogene Suche dauert im Durchschnitt länger als eine Stunde und endet nicht selten in einer Katastrophe. Wenn man »Kopfschmerzen« oder »Zittern« googelt, kommt man in »0,1 Sekunden« zu »Hirntumor« oder zu »ALS« und erfährt nebenbei, dass man bald einen schrecklichen Tod sterben werde. Wie die Autoren der Studie schreiben, führt das »sowohl zu kurzfristigen als auch längerfristigen Ängsten und unnötigen Kosten an Zeit, Ablenkung und unnötigem professionellem medizinischem Aufwand«. Sie nannten das Phänomen *Morbus Google*. Dieser Name weist also nicht auf den Entdecker der Krankheit hin (wie bei *Morbus Parkinson* oder *Morbus Hodgkin*), sondern auf deren Verursacher.

Letztlich prallt bei Morbus Google die ängstliche Unwissenheit des medizinischen Laien auf die geballten, elektronisch millionenfach reproduzierten Wahrheiten, Halbwahrheiten und Lügen (Fake News), die man von einer Suchmaschine völlig kritik- und strukturlos auf den Bildschirm geworfen

bekommt. Das *muss* schiefgehen, wie man seit Mitte des vor-
letzten Jahrhunderts weiß, also seit gut 170 Jahren.

»Aber damals gab es doch noch gar keine Suchmaschinen«, mag der Leser jetzt einwenden. Das stimmt, aber den
Erwerb von Wissen aus den verschiedensten Quellen gab es
schon lange vorher und das Nachdenken darüber, wie dieser
Wissenserwerb funktioniert, auch. Damals wurde die Lehre
davon, wie Menschen einen Sachverhalt oder einen Text verstehen – man nennt sie *Hermeneutik* – entwickelt. Es wurde
klargestellt, dass nur durch bereits vorhandenes Wissen überhaupt neues Wissen erworben werden kann. Dieses wiederum
ermöglicht dann den Erwerb weiteren Wissens. Selbstverständlich muss man damit irgendwann und irgendwie anfangen. Aber der gesamte Prozess des Verstehens ist eben nicht
vergleichbar mit einem *Download von Informationen* durch
einen Computer.

Wenn wir etwas verstehen, dann fangen wir meist irgendwo
(zum Beispiel bei den eigenen Kopfschmerzen) an, versuchen
sie mit anderen uns bereits bekannten Fakten mittels allge-
meiner Regeln (zum Beispiel der Logik oder der wissenschaftlichen Erkenntnis) zu verknüpfen und machen uns so ein
»Gesamtbild«. Durch neue Fakten, auf die wir erst durch dieses Gesamtbild stoßen, wird dieses Gesamtbild dann wieder
verändert, Gewichtungen (Bewertungen) einzelner Aspekte
ändern sich, und neue Erfahrungen bewirken wieder mit der
Zeit ein neues Gesamtbild. Dieser Prozess geht immer weiter und hört im Grunde nie auf: Mit jedem neuen Akt des
Verständnisses ändert sich unser Gesamtbild und damit auch
wieder unsere Sicht der einzelnen Aspekte der Dinge. Dieser
Prozess, man spricht vom *hermeneutischen Zirkel*, hat keine
Abkürzung.

Morbus Google ist keineswegs auf die Medizin beschränkt,
sondern vielmehr der Spezialfall eines ganz einfachen und

lange bekannten Phänomens, das bei jeglicher Form von Verstehen oder Erkenntnisgewinn immer und völlig unvermeidbar auftritt. In der Medizin jedoch ist man zusätzlich *persönlich betroffen* und bekommt *Angst*. Manche sprechen daher bei *Morbus Google* auch von *Cyberchondrie* (eine Wortneubildung aus »Cyper« und »Hypochondrie«, der Angst vorm Kranksein).[45]

Die meisten Ärzte kennen das Phänomen längst: Die Patienten kommen nach dem Arztbesuch nach Hause, grübeln noch über die Worte des Mediziners nach, haben nicht alles verstanden und begeben sich an ihren Computer, um zu recherchieren. Damit beginnt ein Teufelskreis aus ungefilterten Informationsschnipseln, Angst, weiterer Suche, noch mehr Schnipseln und vor allem noch mehr Angst. Die Suche endet nicht mit Erkenntnis, sondern mit Angst und wird irgendwann abgebrochen. Manche Patienten kommen dann mit einer ausgedruckten Google-Suche zurück zum Arzt, weswegen manche Kollegen schon folgendes Schild (Abb. 7) am Eingang ihrer Praxis aufgehängt haben: »Wenn Sie mit einer Google-Suche kommen, bitte gehen Sie zu Yahoo!«

Abb. 7: Schilder wie diese findet man nicht selten in Arztpraxen, weil die Kollegen es leid sind, ihre Zeit mit Ängsten durch Suchmaschinen zu verbringen.

Morbus Google kostet auf jeden Fall viel Zeit und damit viel Geld, denn der Arzt muss dem Patienten erklären und möglicherweise begründen, dass seine Suchergebnisse schlichtweg falsch sind. Die Gesundheitskosten in Deutschland betragen etwa eine Milliarde Euro – pro Tag! Unter der vorsichtigen Annahme, dass die Verwendung von Suchmaschinen durch medizinische Laien zu einem Prozent mehr Gesundheitskosten führt, kostet uns Morbus Google also jährlich 3,5 Milliarden Euro.

Dabei ist die Abhilfe bei Morbus Google ganz einfach: Wenn man eine Suchmaschine für medizinische Themen verwendet, dann ist es von großem Vorteil, wenn man vorher Medizin studiert hat. Als Laie ohne medizinisches Vorwissen ist man jedoch oft nicht in der Lage, die vielen und oft inhaltlich und qualitativ sehr unterschiedlichen Informationen einzuschätzen und zu bewerten.

Morbus Google ist letztlich Ausdruck eines menschlichen Selbstmissverständnisses: Verstehen braucht immer Vorwissen; je komplizierter die Materie ist, desto mehr. Weil Menschen eben keine Downloads machen, denn das können sie gar nicht (siehe hierzu auch Kapitel 2). Wenn man Verstehen verstanden hat, dann ist auch klar, wie Morbus Google entsteht und wie man die Krankheit vermeidet.

19
WAS IST
MEDIENKOMPETENZ?

Es scheinen sich alle am Digitalisierungsgeschehen Beteiligten einig darüber zu sein, dass die Menschen mehr Medienkompetenz haben sollten. Damit stellt sich die Frage: Was ist das? Manche sprechen auch vom »Internetführerschein« oder von »Informationskompetenz«. Fragt man dann genauer nach, so stellt sich heraus, dass damit so etwas wie die Fähigkeit gemeint sein soll, Wahrheit von Falschheit zu unterscheiden. »Wir brauchen mehr Medienkompetenz, um Fake News zu entlarven, um Suchmaschinen bedienen zu können, um an Informationen heranzukommen und sie bewerten zu können und um damit letztlich wahre von falschen Aussagen unterscheiden zu können.« Daher sei »Medienkompetenz« eine »unverzichtbare Kernkompetenz« beziehungsweise eine sehr wichtige »Kulturtechnik« – wie etwa Lesen, Schreiben und Rechnen.

Das Ganze erscheint bei flüchtiger Betrachtung vernünftig und sinnvoll, hat jedoch einen entscheidenden Haken: Eine *allgemeine* Fähigkeit, Wahrheit von Falschheit zu unterscheiden, gibt es nicht, weil es eine solche Fähigkeit *gar nicht geben kann*. Ein jeder – Bauer, Bäcker oder Mathematiker – kennt sich auf irgendeinem Fachgebiet aus und kann darin auch sofort wahre von falschen Aussagen über Getreideanbau, Brot oder die Kreiszahl unterscheiden. Eben weil er das entsprechende Hintergrundwissen hat. Um ein Urteil über die Wahrheit oder Falschheit einer Aussage über irgendetwas – völlig egal, worum es geht – zu fällen, braucht man ganz grundsätzlich Vorwissen über das Sachgebiet, in das diese Aussage eingebettet ist.

Eine Fähigkeit, die Wahrheit oder Unwahrheit von Informationsschnipseln jeglicher Herkunft diesen selbst – ohne jegliche Vorkenntnisse – sozusagen sofort anzusehen (und die nicht mit Intelligenz, Denkvermögen, Durchhaltevermögen oder Willenskraft identisch ist), gibt es nicht. Man kann daher auch nicht googeln lernen. Und daher gibt es auch bis heute keinen Test für Medienkompetenz.

Nur das Wissen in einem bestimmten Fachgebiet (Seinsbereich) erlaubt einem das Verständnis von Einzelheiten in diesem Fachgebiet. Solches *Wissen* besteht nicht in einer strukturlosen Ansammlung von irgendwelchen Fakten (das heißt »Schnipseln« wie etwa die Antwort auf die Frage »Welcher hinterindische Nacktfrosch kann bei minus 4 Grad Celsius kopulieren?«), sondern ist grundsätzlich *vernetzt* und *handlungsrelevant*: Wir haben ein *Gesamtbild*, vor dessen Hintergrund wir aufgrund unserer Erkenntnisse über einen speziellen Fall (wie man *dieses* Brot backt, *diese* Brücke baut oder wie man *diesen* Menschen medizinisch versorgt) zum Handeln fähig sind.

Bereits im Jahr 2012 wurden von Psychologen der Harvard und Columbia University im Fachblatt *Science* Experimente publiziert, die gezeigt haben, dass man durch googeln weniger lernt als aus Büchern, Zeitungen oder Zeitschriften.[46] Google taugt also vergleichsweise *am wenigsten* zum Erwerb von Wissen, das man schon haben muss, um überhaupt googeln zu können. Damit junge Menschen in der Schule auf die Nutzung digitaler Werkzeuge gut vorbereitet werden, dürfen wir an Schulen eines nicht tun: googeln. Und eines brauchen wir nicht tun, weil das gar nicht geht: googeln lernen (siehe hierzu auch Kapitel 18).

Das mag vielen Lesern zunächst paradox erscheinen, liegt aber ganz prinzipiell in der Natur der Sache, um die es hier geht: Wie Menschen Sätze und Tatsachen überhaupt verstehen.

Bereits im letzten Kapitel haben wir davon gesprochen, dass die Wissenschaft vom Verstehen ins vorletzte Jahrhundert zurückreicht und *Hermeneutik* genannt wird. Aus Sicht der Gehirnforschung kann man hierzu ergänzen: Gehirne lernen, indem sie sich mit den Dingen beschäftigen, indem sie »Informationen verarbeiten«, sagt man heute gern. Man lehnt sich dabei an die Sprache an, mit der wir beschreiben, was Computer tun: Informationsverarbeitung. Das kann man durchaus tun, man sollte dabei jedoch nicht vergessen, dass Gehirne und Computer sehr unterschiedlich funktionieren: Während in einem Computer die Verarbeitung und die Speicherung von Informationen räumlich und strukturell getrennt ablaufen, nämlich in der CPU (Central Processing Unit, einem Chip, der »rechnet«) und auf der Festplatte (dem Langzeitspeicher), gibt es diese Trennung im Gehirn nicht. Dort verarbeiten etwa 100 Milliarden Nervenzellen Informationen, indem sie sich elektrische Impulse gegenseitig zuspielen. Das *ist* die Informationsverarbeitung. Dabei laufen diese Impulse über Verbindungsstellen (Synapsen) der Verbindungskabel (Nervenfasern), wodurch sich die Stärke der Verbindungen ändert: Was benutzt wird, wird stärker, und was nicht benutzt wird, wird schwächer. Die »Hardware« Gehirn ändert sich also durch die »Software« (jegliche geistige Prozesse wie Wahrnehmen, Denken, Fühlen, Bewerten, Wollen etc.), die auf ihr läuft. Man spricht hier von *Neuroplastizität*. Durch sie hinterlassen verarbeitete Informationen *Spuren* im Gehirn, die man seit über hundert Jahren auch *Gedächtnisspuren* nennt.[47]

Diese Vorgänge laufen grundsätzlich immer ab, wenn gelernt wird, ganz egal, worum es sich handelt, sei es Laufen,

Sprechen, Latein oder Mathematik. Sie bilden die Grundlage jeglichen Lernens. Und je mehr Spuren schon da sind, desto besser geht die Informationsverarbeitung, eben *weil* im Gehirn die Speicherung und die Verarbeitung *nicht* getrennt sind (wie bei einem Computer), sondern in den gleichen Strukturen zugleich erfolgen. Die Gehirnforschung zeigt damit die biologischen Sachverhalte, die den Prozessen des Verstehens – das heißt der Hermeneutik – zugrunde liegen, in eindrucksvoller Weise auf. Sie kann damit die Hermeneutik nicht beweisen und braucht es auch gar nicht, denn um Verstehen geht es ja schon immer, auch wenn man das Gehirn verstehen will. Das ist weder widersprüchlich noch paradox (wie manchmal behauptet wird), denn man kann ja auch seine Augen (zum Beispiel im Spiegel) mit seinen Augen betrachten. Auch daran ist nichts widersprüchlich oder paradox!

»Bücher und Texte ganz allgemein sind doch auch Medien«, wird nicht selten behauptet. Wer das so sieht, der kann durchaus sagen: Die Wissenschaft vom Umgang mit Texten gibt es durchaus – seit es Texte gibt, also seit der Keilschrift und den Hieroglyphen. Man nennt sie *Philologie*.[48]

Und so wie wir keine neue Wissenschaft brauchen, die »Molekülkompetenz« heißt, weil es die Chemie schon gibt, brauchen wir keine Medienkompetenz, denn es gibt ja schon die Philologie. Medienkompetenz ist damit etwas, was es entweder gar nicht geben kann (weil eine »Wahrheitskompetenz im Allgemeinen« nicht existiert) oder etwas, was es schon gibt, seit es Texte gibt, und wofür man keinen neuen Namen braucht.

20
SUPERCOMPUTER UND KATZENVIDEOS

Supercomputer gibt es schon seit Jahrzehnten. Sowohl ihre Leistungen als auch ihr Preis standen immer mit »Millionen« oder »Milliarden« Dollar oder Byte in Verbindung. Man konnte sich als Laie im Grunde also nie so richtig vorstellen, was sie kosten. Noch schwieriger war es, sich vorzustellen, was sie leisten: Was bedeuten zwei Gigabyte Arbeitsspeicher oder eine Rechengeschwindigkeit von einem Gigahertz? Eine Buch- oder Schreibmaschinenseite sind etwa zwei Kilobyte, also 2000 Byte. Zwei Megabyte sind also tausendmal so viel, also tausend Seiten. Wieder tausendmal so viel, also zwei Millionen Seiten, wären dann zwei Gigabyte. Und was bedeutet es, dass ein Computer zwei Millionen Seiten im Arbeitsspeicher, also unmittelbar zur Verfügung hat? Oder dass er in jeder Sekunde eine Milliarde Rechenschritte durchführt?

Noch schwieriger ist es, sich vorzustellen, was man mit dieser Rechenleistung machen kann bzw. wofür man so etwas braucht. Den Computerherstellern ging es übrigens auch nicht anders. Als IBM damit begann, die ersten Computer überhaupt zu bauen, war man in der Firma der Meinung, dass der Bedarf weltweit vielleicht bei etwa sechs (!) Geräten liegen würde. Wie sich jedoch bald herausstellte, war die Welt sehr hungrig nach immer mehr Computern mit immer mehr Rechenleistung. Und so wurden seit den 1980er-Jahren nicht nur Millionen von Computern, sondern auch Hunderte von Supercomputern gebaut. Derzeit konkurrieren die USA und China um den leistungsfähigsten Rechner, und alle paar Monate überbieten sich beide Länder, mittlerweile mit Milliarden von Milliarden FLOPS (kurz für: Floating Point Operations Per Second, das heißt Rechenoperationen pro Sekunde).

Am 31.5.2019 erhielt die deutsche Kanzlerin Angela Merkel die Ehrendoktorwürde der Harvard University im Rahmen des jährlichen Treffens der neuen und ehemaligen Absolventen. Sie sagte dort in ihrer Dankesrede: »Wahrscheinlich hat Ihr Smartphone weitaus mehr Rechenleistung als der von der Sowjetunion nachgebaute IBM-Großrechner, den ich 1986 für meine Dissertation in der DDR nutzen konnte.«

Diese Bemerkung ist durchaus zutreffend, denn jeder Zehnjährige trägt heute einen Computer in seiner Hosentasche mit sich herum: sein Smartphone. Dessen Rechenleistung übertrifft die eines Supercomputers aus den 1980er-Jahren (zum Beispiel die eines Cray XMP, der damals für schlappe 100 Millionen Dollar zu kaufen war) um das Zehnfache.

Man fragte sich in den 1980er-Jahren auch, was die Menschheit mit der Verfügbarkeit von so viel geballter Rechenleistung der Computer der Firma Cray alles anfangen könnte und würde. Keiner wäre damals auf die Idee gekommen, dass Milliarden solcher leistungsfähiger Computer weltweit vor allem zum Betrachten von Katzenvideos auf YouTube und dem Austausch von Nachrichten wie »Ich mag das« oder »Ich esse gerade Gummibärchen« in sozialen Netzwerken dienen würden. Man hatte sich irgendwie schlauere Sachen vorgestellt, die wir machen, wenn erst einmal jeder über eine »super« Rechenmaschine verfügen würde.

Wie man diesen Gedanken dann auch dreht und wendet: Behaglich ist einem dabei nicht zumute.

21
PHANTOMVIBRATIONEN

Zwei Drittel aller Handy-Nutzer hören manchmal ihr Smartphone klingeln, obwohl es nicht geklingelt hat. Man nennt so etwas eine »akustische Halluzination«, und eine solche ist völlig normal. Vor mehr als 30 Jahren habe ich ein dickes Buch über *Halluzinationen* (so auch dessen Titel) geschrieben[49] (mit Abstand mein dickstes Buch überhaupt), und schon damals gab es Studien zum Auftreten von Halluzinationen bei gesunden Menschen. Beispielsweise berichten sehr viele Menschen, schon einmal zur Haustür gelaufen zu sein, weil sie meinten, es habe geklingelt. Nicht immer waren das die Nachbarskinder. Manchmal hat man auch einfach nur etwas gehört, was gar nicht da war.

Mittlerweile wurde eine ganze Reihe von Studien dazu publiziert, dass Menschen zuweilen fühlen, dass ihr Smartphone vibriert, ohne dass dies tatsächlich der Fall ist.[50] Je nach Studie spüren zwischen 27 und 89 Prozent der Befragten gelegentlich den Vibrationsalarm, obwohl er nicht aktiv war. Man nennt dieses Phänomen »Phantomvibration«. Der Name ist nicht ganz korrekt, denn man nennt etwas eine Phantomempfindung, wenn ein nicht mehr vorhandener Teil des Körpers – meist eine Hand, ein Arm oder ein Bein – gespürt wird, der nicht mehr da ist, vor allem beispielsweise nach einer Amputation. Bekannter als Phantomempfindungen sind Phantomschmerzen, das heißt Schmerzen zum Beispiel an der Hand, obwohl gar keine Hand mehr da ist. Diese sind nach einer

Amputation nicht selten und schwieriger als gewöhnliche Schmerzen zu behandeln: Tut die Hand weh, kann man sie massieren, warm oder kalt baden oder mit einer schmerzlindernden Salbe einreiben. Was aber tut man, wenn eine Hand schmerzt, die gar nicht da ist? Und wie kann das überhaupt sein?

Wie jede Empfindung, so entstehen auch Schmerzen letztlich im Kopf, das heißt, sie sind ein Ausdruck dessen, was man Schmerzverarbeitung nennt. So wie Nerven-Impulse von den Augen in den Sehzentren im Gehirn verarbeitet werden, was dann erst zum Seheindruck führt und Impulse von den Ohren erst in den Hörzentren zu Höreindrücken führen, entstehen auch Schmerzen erst in den Schmerzzentren des Gehirns. Ist dort die Verarbeitung gestört, kann man Schmerzen in einer Hand erleben, die gar nicht da ist.

Bei vom Smartphone ausgelösten Vibrationsempfindungen, die gespürt werden, wenn entweder gar kein Smartphone in der Tasche steckt oder wenn eines in der Tasche steckt, aber nicht vibriert, handelt es sich um einen Grenzfall. Denn gespürt wird eine Vibration immer irgendwo an der Körperoberfläche, also an der Haut, die Teil des Körpers ist. Das Smartphone ist aber nicht Teil des Körpers (noch nicht – manche arbeiten daran). Insofern kann es auch kein Phantomsmartphone geben, ebenso wenig wie es einen Phantomstaubsauger oder eine Phantomhaustürklingel gibt.

Phantomvibrationen, die letztlich viel mit dem Smartphone zu tun haben, gibt es jedoch durchaus. Man kann sich ihre Entstehung etwa wie folgt vorstellen (Abb. 8): Der Körper gewöhnt sich daran, dass von einem bestimmten Ort (an dem das Gerät meist getragen wird) oft Vibrationen kommen. Diese kündigen Nachrichten an, und obwohl diese meist völlig unwichtig sind (»Ich esse gerade Gummibärchen und was machst du so?«), erleben Menschen solche Nachrichten als belohnend. »Hey, jemand denkt an *mich* und sendet *mir* 'ne Nachricht – das ist doch was!«, denken wir, denn Menschen sind die »sozialsten Wirbeltiere« der Welt. Wir mögen einfach die Gemeinschaft anderer Menschen und sind an nichts mehr interessiert als an »wer mit wem, warum und wieso«. Man bezeichnet Menschen daher auch als »Informationsjunkies«; insbesondere soziale Neuigkeiten – Klatsch und Tratsch – wirken auf uns sehr belohnend.

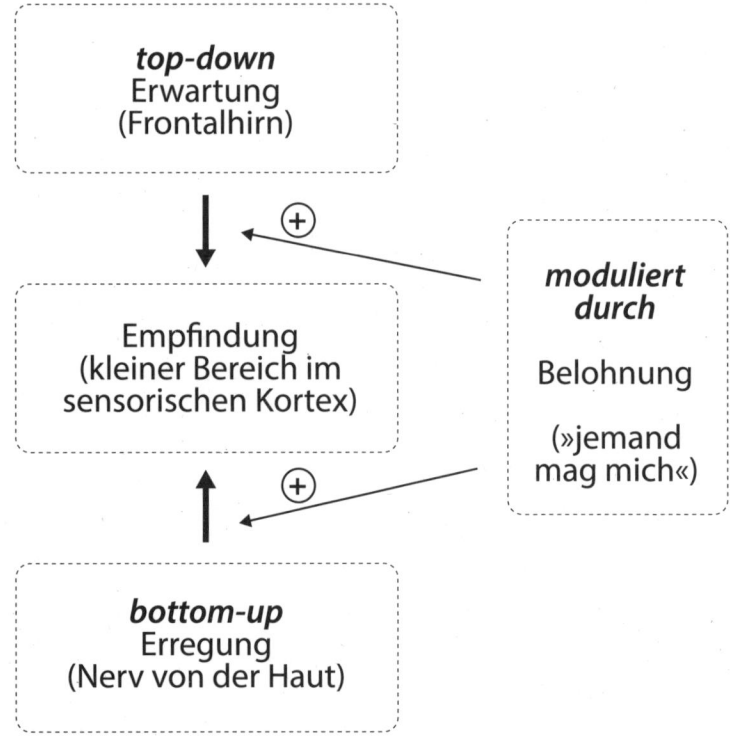

Abb. 8: Entstehung von Phantomvibrationsempfindungen als Zusammenspiel von Erwartung und Erregung auf die Empfindung.[51]

Aus diesem Grund werden diejenigen Nervenzellen in unserem Gehirn, die für Vibrationsempfindungen von genau der Körperstelle zuständig sind, die solche Nachrichten ankündigt, immer empfindlicher. Und dies ist die Ursache dafür, dass sie zunehmend gelegentlich auch »einfach so« aktiv werden – zum Beispiel durch irgendeine Empfindung (Stoff reibt an der Haut) bei zugleich bestehender erhöhter Erwartung (»Da könnte doch was kommen«). Das Handy wird so zu einem Teil des eigenen Körpers, ähnlich wie eine gute Arm-, Bein- oder Zahnprothese. Und genau deshalb wird es gelegentlich sogar dann gespürt, wenn es gar nicht aktiv oder sogar gar nicht da ist.

Interessanterweise ist die Phantomvibration bei Ärzten am besten untersucht. Kein Wunder, denn Krankenhäuser sind voll von Funkpiepsern, Handys, Smartphones und anderen piepsenden, summenden oder vibrierenden kleinen Geräten, die das Personal über den Zustand von Patienten informieren oder jemandem irgendetwas mitteilen. Nach einer britischen Studie hatten etwa zwei Drittel aller Ärzte schon einmal Phantomerlebnisse. 13 Prozent erlebten Phantomvibrationen sogar *täglich*, Assistenten häufiger als Oberärzte, und mit dem Gerät in der Brusttasche eher als am Gürtel.

Phantomvibrationen erzeugen zwar ein gewisses Unbehagen, sie sind jedoch – im Gegensatz zu vielen anderen Auswirkungen unseres durchdigitalisierten Lebens – vergleichsweise harmlos und gehen vorüber, wenn man die Ursache beseitigt. Das Phänomen zeigt aber, wie schnell neue Technik auch das Erleben von ganz normalen Erwachsenen verändern kann.

22
DIGITALISIERTE BABYS:
VERWANZT, MONETARISIERT
UND ZUR APP VERKOMMEN

Schon vor Jahren brachte der weltgrößte Nahrungsmittel-konzern, die Schweizer Firma Nestlé, eine Art Espresso-maschine für Babymilch heraus und verkaufte sie in der Schweiz, in Frankreich, in den USA und in China. Die Idee war einfach: Babys trinken zwar keinen Kaffee, aber mit einer ganz ähnlichen Maschine, mit der man in kleine Aluminiumkapseln verpackten Kaffee an reiche und/oder bequeme Leute für 70 Euro das Kilogramm verkaufen kann, wollte man auch Milchpulver teuer verkaufen – für etwa zwei Schweizer Franken pro »Fläschchen« für das Baby. Die Maschine, genannt »BabyNes«, war digital mit dem Internet verbunden und das Baby damit verwanzt: Man konnte dessen Nahrungsinput überwachen, mit Freunden, dem Kinderarzt oder wem auch immer teilen, und Papa und Mama brauchten sich bei der gemeinsamen Versorgung ihres Kindes nicht mehr abzusprechen, wer das letzte Fläschchen wann gemacht hat, denn die Maschine übernahm die lückenlose Dokumentation.

Im Jahr 2017 fand sich dann auf der privat (das heißt von Lobbyisten) finanzierten Webseite »familie.de« die folgende Werbung: »Babymilch aus der Kapsel. Der neue Trend aus dem Zeitalter der Latte-Macchiato-Mütter: Jetzt gibt es

Babymilch in Kapseln, die mit einem Knopfdruck aus der Maschine kommt.«

Der ganze Marketingaufwand nutzte nichts, denn das Produkt floppte und wird seit Anfang des Jahres 2019 nur noch in China vermarktet. Dies hielt den US-Konsumgüter-Konzern Procter & Gamble, der unter anderem Wegwerfwindeln der Marke Pampers herstellt, nicht davon ab, es anstatt mit der Digitalisierung des Inputs von Babys einmal mit digital vernetztem Babyoutput zu versuchen. In Kooperation mit Google wurden »smarte Windeln« mit Sensoren entwickelt, die über Webcam, Computer oder Smartphone und Internet in einer Art Totalüberwachungssystem für Babys vernetzt sind.

Das System heißt »Lumi« und wird unter anderem auf der österreichischen Lobby-Webseite »Wunschkind« beworben. Es enthält neben den Sensorwindeln auch noch eine hochauflösende Kamera mit Nachtsicht und alle Funktionen eines gewöhnlichen Babyphones. Eine App zeigt an, wie voll die Windeln sind und wann sie gewechselt werden müssen, dokumentiert jeglichen festen und flüssigen Output des Babys und dessen Versorgung lückenlos, teilt sie mit Freunden, dem Kinderarzt etc. – und sammelt die Gesundheitsdaten des Babys – von Geburt an. Baby am WLAN, 24/7 – digitalisiert, verwanzt und monetarisiert, also in Geld verwandelt.

»Das smarte Windelsystem ›Lumi‹ von Pampers ist seit Herbst 2019 in den USA erhältlich […] (inkl. Windelsensor, Kamera und 2 Packungen Windeln). Über den Verkaufsstart in Europa gibt es noch keine Informationen«, liest man auf »wunsch-kind.at«. Das Ganze kostet schlappe 349 Dollar (circa 320 Euro) plus Versandkosten. Aber will man so etwas wirklich haben?

Was nach digitaler schöner neuer Welt klingt, bereitet mir persönlich größtes Unbehagen. Denn das System suggeriert, dass Eltern sich heute nicht mehr zutrauen, selbst zu erkennen, wann eine Windel voll ist. Es schürt daher unbemerkt Ängste, vielleicht nicht alles richtig zu machen. Wie aber sollen solche Eltern in der Lage sein, ihrem Kind Sicherheit, Vertrauen und Selbstvertrauen zu vermitteln, wenn es bei ihnen daran mangelt? Und mehr noch: Wenn das Baby erst einmal zu einem App-Symbol (Icon) auf den Smartphones von Mama und Papa degeneriert ist, das von der App automatisch bestens überwacht und versorgt ist, wird der Gedanke weggedrängt, dass Kinder etwas völlig anderes sind als die übrigen Apps auf dem gleichen Bildschirm – fürs Einkaufen, die Börsenkurse, Facebook, die eigene Fitness oder das Wetter. Wie alle anderen Bereiche unseres Lebens haben wir unser Baby damit im Griff, gleich neben WhatsApp und iTunes.

Auch braucht man das Baby nicht mehr von Zeit zu Zeit, wenn es ruhig schläft, anzusehen (das wird live über die App erledigt, nebst dem Monitoring und der Dokumentation der Schlafphasen). Wenn es wach ist, braucht man es auch nicht mehr hoch zu nehmen, um zu schauen, wie es ihm geht, ob es sich wohlfühlt oder ob vielleicht etwas riecht. All das kann jetzt Vergangenheit sein. Das elterliche Kümmern wird durch digitale Elektronik, also durch Hardware und Software, ersetzt. Man kann Babys ja leider nicht nach ihrer Meinung fragen, aber ich bilde mir dennoch ein, dass ich weiß, was sie zu »Lumi« sagen würden.

Babys werden zu einem auf der Input- und Outputseite überwachten Objekt im Internet der Dinge. Der Gedanke bereitet mir größtes digitales Unbehagen, und ich kann nur hoffen, dass es »Lumi« ökonomisch so ergehen wird wie »BabyNes«!

23
HASSSPRACHE BEWIRKT HASSKRIMINALITÄT

Soziale Netzwerke wie Facebook oder Twitter können durchaus schwerwiegende negative soziale Auswirkungen haben. Zu diesen gehören die immer wieder und in zunehmendem Ausmaß beobachteten Hasskommentare gegenüber Flüchtlingen, Einwanderern oder religiösen Minderheiten. Auch werden Facebook und Twitter immer wieder dazu aufgefordert, eine bessere »Zensur« einzuführen, nicht zuletzt, weil Hassrede zu Hasskriminalität führe.

Als Hintergrundinformation sollte man hierzu wissen, dass Facebook und andere soziale Netzwerke – nicht nur in den USA – als Nachrichtenquelle (also wie hierzulande die »Tagesschau«) genutzt werden, besonders von jüngeren Leuten. Dies stimmt nachdenklich, da in diesen Medien die Nachrichten gewissermaßen durch einen selbst (über das Nutzerprofil) ausgesucht werden: Man bekommt genau diejenigen Fakten und Meinungen mitgeteilt, die man hören/lesen möchte.

Man könnte nun argumentieren, dass solche verbalen Attacken ein Ventil darstellen, durch das manche Menschen »Dampf ablassen«, sodass daraus eine Minderung des »Drucks« und damit ein positiver Gesamteffekt resultiert. Hasskommentare hätten demnach keine oder eine mindernde Auswirkung auf Hasshandlungen. Diese Theorie wird oft vorgebracht, hat aber einen Schönheitsfehler: Sie ist falsch. Denn auf Reden folgen oft Taten, das heißt: Der verbale Hass kann aggressive, kriminelle Handlungen nach sich ziehen oder überhaupt erst hervorbringen.

Wissenschaftler von der Princeton University (USA) und der University of Warwick (GB) konnten anhand von Facebook-Daten den Zusammenhang zwischen Hasskommentaren auf sozialen Netzwerken und hassmotivierter Kriminalität in Deutschland nachweisen.[52] Sie nutzten die historische Tatsache, dass in den Jahren 2015 und 2016 etwa eine Million Flüchtlinge nach Deutschland kamen und dass dies eine Welle krimineller Handlungen gegenüber Flüchtlingen nach sich zog: Von 2015 bis 2017 gab es in Deutschland 3335 kriminelle Akte gegenüber Flüchtlingen, darunter 534 Fälle von Körperverletzung und 225 Fälle von Brandstiftung.

Als Erstes wurde untersucht, wie sich diese kriminellen Delikte über die 4466 Gemeinden, aus denen man Daten hierzu hatte, verteilten. (Die Anzahl aller Gemeinden in Deutschland beträgt etwa 11.000.)

Die Wissenschaftler nutzten zudem die Tatsache, dass die Partei *Alternative für Deutschland* (AfD) – bekannt für ihre negative Haltung gegenüber Flüchtlingen und Einwanderung – mit 420.000 »Followern« von allen deutschen Parteien die größte Gefolgschaft bei Facebook hat. Die Facebook-Seite der AfD hat zudem die Besonderheit, dass Parteimitglieder auf ihr direkt ihre Meinungen äußern können, was bei den Seiten anderer Parteien so nicht geht. Daher gibt es auf der Facebook-Seite der AfD eine große Zahl rechtspopulistischer Äußerungen, die weitere Analysen erlauben. Untersucht wurden 176.153 Meinungsäußerungen (»Facebook-Posts«), 290.854 Kommentare und 510.268 Zustimmungen (»Likes«). Diese wurden von insgesamt 93.806 Personen im Untersuchungszeitraum abgegeben. Daraus wurde das deutschlandweite wöchentliche Ausmaß von flüchtlingsfeindlichen verbalen Äußerungen auf Facebook für jede der 4466 Gemeinden berechnet.

Zum Dritten berechneten die Autoren für jede Gemeinde einzeln das Ausmaß der wöchentlichen Facebook-Nutzung. Die Autoren analysierten also Daten aus 4466 deutschen Gemeinden über einen Zeitraum von 111 Wochen (1.1.2015 bis 13.2.2017) zum Auftreten von 3335 Delikten gegenüber Flüchtlingen.

Die Autoren konnten zeigen, dass die Präsenz von negativen Aussagen über Flüchtlinge auf der AfD-Facebook-Seite mit anschließenden kriminellen Akten gegenüber Flüchtlingen in Zusammenhang stand und dass dieser Zusammenhang umso größer war, je stärker Facebook genutzt wurde (siehe Abb. 9).

Doch ein statistischer Zusammenhang (Korrelation) ist noch lange keine Ursache-Wirkungs-Beziehung (Kausalität)! Um hier weiterzukommen, verwendeten die Autoren eine quasiexperimentelle Methode an. Sie machten sich die Tatsache zunutze, dass erstens das Internet zuweilen lokal ausfällt und es zweitens bei Facebook manchmal landesweit zu Ausfällen kommt. Man suchte also nach Internetausfällen in Gemeinden, die zu einer geringeren lokalen »Berieselung« der Bevölkerung durch Hasskommentare in den sozialen Netzwerken führen (das deutschlandweite »Ausgesetztsein« änderte sich nicht; nur in einzelnen Gemeinden war es vermindert).

Hierdurch konnte nachgewiesen werden, dass die Steigerung der Hasskriminalität in Zeiten von mehr Hasskommentaren auf Facebook an Orten und Zeiten von Internet-Ausfällen völlig ausblieb. Man konnte weiterhin zeigen, dass der Effekt auf die Facebook--Nutzung und nicht auf die Internet-Nutzung im Allgemeinen zurückging.

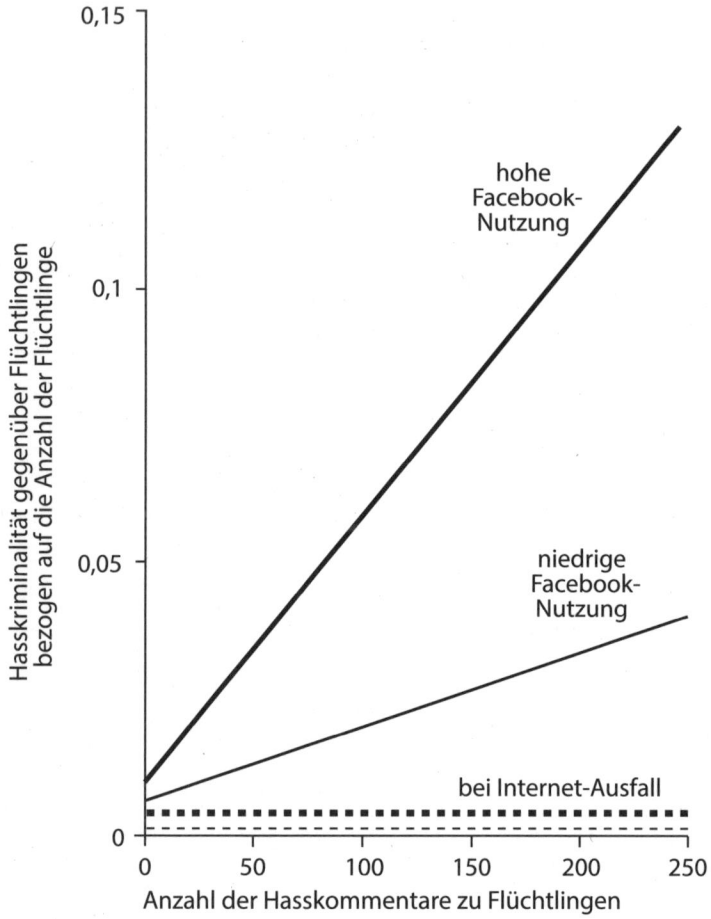

Abb. 9: Hasskriminalität gegenüber Flüchtlingen (bezogen auf die jeweilige Anzahl der Flüchtlinge) in den untersuchten Gemeinden bei hoher und geringer Facebook-Nutzung und beim Ausfall von Facebook oder dem Internet.[53]

Für einen kausalen Effekt von Facebook auf die Auswirkungen von Hasskommentaren im Sinne der Befeuerung von Hasskriminalität spricht zudem das Ergebnis, dass landesweite Facebook-Ausfälle zu einem Verschwinden des Zusammenhangs zwischen Hasskommentaren auf Facebook und tatsächlicher Hasskriminalität führten.

Es sei noch einmal betont, dass es hier nicht darum ging, zu zeigen, dass Facebook flüchtlingsfeindliche Inhalte *produzieren* würde. Vielmehr ging es darum, dass Facebook offensichtlich wesentlich beteiligt ist an der Verbreitung flüchtlingsfeindlicher Inhalte als Grundlage von Hasskriminalität – woher diese Inhalte auch kommen und wie auch immer sie entstehen mögen.

Ähnliches gilt übrigens für Twitter, wie die gleichen Autoren in einer anderen Studie mit dem ursprünglich sehr pointierten Titel *Making America Hate Again? Twitter and Hate Crime Under Trump* fanden.

Eine weitere Studie zu mittels Twitter verbreiteter rassistischer und religiöser Hasssprache in Großbritannien bestätigt im Wesentlichen die für Deutschland und Facebook gefundenen Ergebnisse.[56] Wissenschaftler von der Cardiff University gingen in ihrer Arbeit dem Zusammenhang zwischen religiös oder rassistisch motivierten Vergehen und 294.361 in 4720 Londoner Bezirken lokalisierten Twitter-Nachrichten (»Posts«) nach. In einem Zeitraum von acht Monaten (in den Jahren 2012/2013) fanden sie hierbei einen klaren Zusammenhang (Abb. 10).

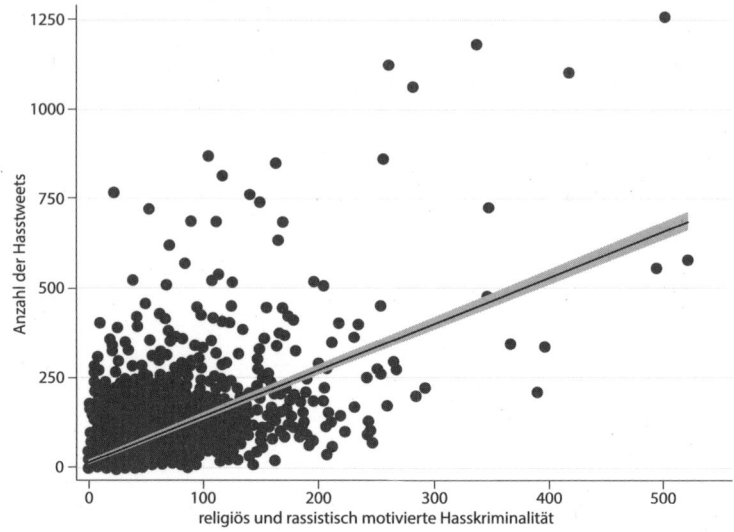

Abb. 10: Zusammenhang zwischen Twitternachrichten mit Hasstweets und Hasskriminalität.[57]

Zusammenfassend lässt sich festhalten, dass soziale Netzwerke verstärkend auf die Auswirkungen von Hasssprache Einfluss nehmen und damit Hasskriminalität befeuern. In den USA wird Hasssprache als Ausdruck der freien Rede geschützt, was aus der Sicht der hier vorgestellten wissenschaftlichen Studien weniger geboten erscheint als behutsame Zensur, begleitet von Vernunft und dem beherzten Eintreten für Freiheit.

24
VERBRECHEN VORHERSAGEN
UND VERHINDERN?

Durch die heute mögliche digitale Erfassung und Auswertung von in sozialen Netzwerken wie Facebook und Twitter geäußerter Hasssprachein Echtzeit wird eine neue Form der Polizeiarbeit möglich, das sogenannte »Predictive Policing« (zu Deutsch: »Vorhersagende Polizeiarbeit«). Was ist das und was ist davon zu halten?

Im US-amerikanischen Science-Fiction-Thriller *Minority Report* des Regisseurs Steven Spielberg mit Tom Cruise in der Hauptrolle aus dem Jahr 2002 werden im Washington des Jahres 2054 kriminelle Delikte vorhergesagt und dadurch verhindert. Was Science-Fiction war, ist mittlerweile Wirklichkeit: *Predictive Policing*, das heißt, die Analyse von Daten aus einzelnen Fällen zur Berechnung der Wahrscheinlichkeit zukünftiger Straftaten mit dem Ziel, die Arbeit der Polizei effektiver zu machen, gibt es seit einigen Jahren wirklich; sie wird – meist in zeitlich befristeten Test- oder Pilotprojekten – in Deutschland (nur ortsbezogen, zum Beispiel zur Prävention von Wohnungseinbrüchen) in verschiedenen Bundesländern sowie in der Schweiz, Großbritannien und in den USA (auch personenbezogen) eingesetzt. Auch wenn die Ergebnisse bislang eher bescheiden sind, sollte man sich damit auseinandersetzen, denn was heute vielleicht noch nicht sehr gut funktioniert, kann bei immer mehr Überwachung, immer schnelleren Computern und auch bei zunehmender Gleichgültigkeit gegenüber Datensammelei und Untergrabung der Privatsphäre bald wichtig oder gar gefährlich werden.

Vor allem die personenbezogene Vorhersage ist problematisch, da die hierfür verwendeten lernenden Maschinen auch menschliche Vorurteile lernen oder sogar verstärken können. So wurden beispielsweise in New York, wo Predictive Policing in den 1990er-Jahren erstmals zur Vorbeugung gegen die überbordende Gewaltkriminalität zum Einsatz kam, vor allem bei der schwarzen Bevölkerung Rauschgift und Waffen gefunden. Dies lag jedoch unter anderem daran, dass vor allem dieser Teil der Bevölkerung *kontrolliert* wurde. Aus diesen Daten wurde vorschnell geschlossen, dass man vor allem die schwarze Bevölkerung kontrollieren müsse, was die Wahrscheinlichkeit, bei dieser Bevölkerungsgruppe fündig zu werden (und bei der weißen Bevölkerungsgruppe *nicht!*), noch weiter erhöhte.

Derartige Unstimmigkeiten und Schwierigkeiten begleiten das Predictive Policing bis heute, weswegen es durchaus kritische Stimmen dazu gibt. Der indische Menschenrechtsaktivist Salil Shetty, von 2010 bis 2018 Generalsekretär der Menschenrechtsorganisation Amnesty International, äußerte sich bereits im Jahr 2016 kritisch:

»Predictive Policing macht einen insofern bedeutsamen Schritt, dass Leute oder Gruppen identifiziert werden, von denen angenommen wird, dass sie eine Straftat begehen könnten, bevor diese selbst den Gedanken daran haben, dies zu tun. Basierend auf vorhandenem Wissen über vergangene Delikte verwendet [vorhersagende Polizeiarbeit] künstliche Intelligenz, um die Wahrscheinlichkeit und den Ort von Straftaten vorherzusagen, bevor sie geschehen. Aber es gab schon jede Menge Kritik, dass dieses Vorgehen bereits bestehende Vorurteile gegenüber religiösen oder ethnischen Minderheiten verstärkt. [...] Auf einer noch grundlegenderen Ebene gilt: Wenn man Leute schon zu einem Zeitpunkt als Kriminelle behandelt, bevor sie überhaupt die Absicht hatten, eine Straftat zu begehen, werden unsere Begriffe von Unschuld und freiem Willen vollkommen untergraben.«[58]

Da man Hasssprache in sozialen Netzwerken in Echtzeit erfassen kann, liegt die Idee nahe, den Zusammenhang von Hasssprache und Hasskriminalität (siehe hierzu das Kapitel 23) zur Prävention von Hasskriminalität einzusetzen. Es handelt sich hierbei um eine neue Form des Predictive Policing, die nicht auf *Daten der Polizei* zu kriminellen Akten, sondern auf Daten zu *Mitteilungen in sozialen Netzwerken* zurückgreift. Hierzu werden die Methoden des maschinellen Lernens *(Machine-Learning)* aus dem Bereich der künstlichen Intelligenz *(Artificial Intelligence, AI)* verwendet.

Vor dem Hintergrund, dass es in Großbritannien in der Zeit der Demonstrationen zum Brexit zu einer spürbaren Zunahme von Emotionalität, Radikalität, politischer Instabilität und auch Hasssprache gekommen war, überwachte die britische Polizei im Herbst 2019 täglich Hunderttausende brexitbezogene Nachrichten (Tweets) auf Twitter. Dies geschah mittels eines »Online Hate Speech Dashboards«, das von Mitarbeitern einer vom britischen Innenministerium (Homeoffice) im Jahr 2017 einberufenen Institution, dem *»National Police Chiefs' Council's online hate crime hub«*, entwickelt wurde. Diese »Instrumententafel für Online-Hass-Sprache« ermöglichte es, irgendwo im Land verstärkt auftretende Hass-Sprache (islamophob, antisemitisch, Minderheiten-diskriminierend etc.) zu entdecken, während sie gerade im Entstehen begriffen war, um falls nötig Gegenmaßnahmen zu ergreifen. Das Dashboard zeigt täglich zwischen 500.000 und 800.000 Tweets zum Brexit an, von denen 0,2 bis 0,5 Prozent als ›hasserfüllt‹ klassifiziert werden. Von diesen können 0,2 Prozent [das heißt 200 bis 320 Tweets] innerhalb von Städten in Großbritannien geortet und vom Dashboard auf einer Landkarte als Hass-

Hotspots angezeigt werden. Wenn irgendwo ein Spitzenwert auftaucht, kann diese Information von den Analysten an die relevante lokale Polizei weitergegeben werden«, wie im Fachblatt *New Scientist* beschrieben wurde.[59]

Die detaillierten Informationen zu Hass gegen verschiedene Gruppen und der Verlauf über die Zeit an bestimmten Orten sollen helfen, im Internet Hasssprache zu vermindern und Hasskriminalität zu verhindern. Und obwohl die Daten anonym sind, kann man Netzwerke und koordinierte Hate-Speech-Attacken beobachten und womöglich einschreiten, bevor etwas überkocht. Einzelne kriminelle Akte wird man also eher nicht verhindern können, Aufstände und bürgerkriegsartige Zustände aber vielleicht.

Kritisch ist allerdings anzumerken, dass lernende Maschinen auch aus Sprachinput Vorurteile generieren können. So wurde beispielsweise nachgewiesen, dass allein das Vorkommen von Eigenheiten der Sprache der schwarzen Bevölkerung in den USA die Wahrscheinlichkeit der Klassifizierung einer Nachricht als Hass verdoppeln kann. Umgekehrt ergab eine finnische Studie, dass man nur (1) Wörter falsch schreiben oder (2) eine Zahl in ein Wort einzuschmuggeln oder (3) ganz einfach das Wort »Liebe« irgendwo in einer Nachricht unterzubringen braucht, um die Wahrscheinlichkeit ihrer Klassifikation als »Hass« deutlich zu vermindern.

Die an der Entwicklung des Predictive Policing in Großbritannien beteiligten Wissenschaftler sehen diese Problematik durchaus, rechtfertigen ihre Arbeit jedoch aufgrund der folgenden Vorteile: »Unsere Arbeit mildert die Gefahren vorhersagender Polizeiarbeit auf dreifache Weise ab: (1) Die zur Abschätzung von Mustern verwendeten Daten werden nicht von der Polizei produziert und sind daher immun gegenüber den Vorurteilen, die dieser offizielle Generierungsprozess solcher Daten beinhaltet; (2) Daten aus sozialen Netzwerken werden in Echtzeit gesammelt, wodurch Fehler vermieden werden, die durch ›alte‹ Daten entstehen, die den tatsächlichen Gegebenheiten nicht mehr entsprechen; und (3) werden Minderheiten als mögliche Opfer und nicht als Täter betrachtet [...]«.[60]

Nichts gegen Hass zu tun, wäre für unsere freiheitliche Gesellschaft falsch. Dass wir dabei zugleich behutsam und mit Augenmaß vorgehen müssen, um die Freiheit der Rede nicht zu gefährden, ist ebenfalls nur zu offensichtlich. Unabhängigen Wissenschaftlern, die die Möglichkeit haben, Daten aus digitalen Netzwerken zu analysieren und zu interpretieren, um Aufklärungsarbeit zu leisten, kommt hier eine große Bedeutung zu. Von allen Bürgern muss man Besonnenheit fordern und vor allem die Fähigkeit und das Bemühen, Hass von Kritik zu unterscheiden und die Freiheit zu verteidigen.

25
FILMEN STATT HELFEN: EMPATHIE IM STURZFLUG

Die deutsche Regierung beschäftigte sich bereits im Frühjahr 2018 mit einem neuen Gesetz, das ein Thema beinhaltet, dessen gesetzliche Notwendigkeit man zunächst gar nicht glauben mag: Das Fotografieren von Verletzten bei Verkehrsunfällen und das Filmen von Sterbenden ist verboten. Mittlerweile ist auch das vorgesehene Strafmaß für diejenigen bekannt, die gegen das Gesetz verstoßen: bis zu zwei Jahre Haft.

Man könnte nun meinen, dass wir dieses Gesetz brauchen, weil mittlerweile fast jeder eine Filmkamera mit Internetanschluss – auch das ist jedes Smartphone – in der Tasche mit sich herumträgt. Aus meiner Sicht ist dies jedoch nicht der Hauptgrund, denn Fotos gibt es seit 150 und Filme seit gut 100 Jahren. Vielmehr war es früher so, dass jedem klar war, dass und warum man keine Verletzten und Sterbenden filmt. Das war für jeden selbstverständlich und deswegen brauchte man kein Gesetz. Heute ist das offenbar anders. Das Mitgefühl der Menschen ist nicht mehr wie früher selbstverständlich vorhanden, sondern hat offenbar sogar abgenommen.

Mitgefühl, auch Empathie genannt, ist ein mehrschichtiges Phänomen. Zum einen bezeichnet es das unmittelbare Mitfühlen: Ich sehe, wie sich jemand mit dem Hammer auf den Finger schlägt, und fühle den Schmerz selbst buchstäblich mit. Eng damit verwandt ist das emotionale Mitschwingen aufgrund von Signalen, die ich beim Gegenüber wahrnehme:

Gestik, Mimik, Sprachmelodie und Körpersprache sagen mir, wie es jemandem geht, noch bevor ein Wort gewechselt wurde. Diese Fähigkeit ist gelernt. Von ihr nochmals zu unterscheiden ist der Perspektivenwechsel als kognitiver, also gleichsam intellektueller Akt, den ich bewusst vollziehe: Ich »steige in dessen Schuhe«, »schlüpfe in dessen Haut« und »sehe die Welt mit dessen Augen«. Unsere Sprache hat eine Reihe von Metaphern für diesen recht komplizierten Prozess. Es geht um das »Sich-in-jemanden-Hineinversetzen«. Halten wir fest: Das Phänomen der Empathie hat eine affektive (Mit-*Gefühl*) und eine kognitive Komponente (*denken*, was jemand *denken* könnte).

Die Analyse von über drei Jahrzehnte hinweg (1979 bis 2009) durchgeführten Befragungen an insgesamt 13.737 Studenten ergab einen deutlichen Rückgang beider Komponenten der Empathie, also des Mit-*Fühlens* und der Fähigkeit zum Perspektivenwechsel. Besonders deutlich ausgeprägt war dieser Rückgang ab dem Jahr 2000 (siehe Abbildung 11).

Mit dem Mitgefühl ist es wie mit dem Laufen oder dem Sprechen: Wir kommen zwar beispielsweise mit motorischen Gehirnzentren und den Sprachzentren zur Welt, müssen aber das Laufen und das Sprechen erst lernen – durch Tausende von Gehversuchen und Millionen von gehörten und gesprochenen Wörtern. Mit unseren Gehirnzentren für Sozialverhalten ist das nicht anders: Auch das Mitgefühl müssen wir lernen. Wer Tausende von Begegnungen mit freudigen, traurigen, wütenden oder überraschten Menschen hinter sich hat, der versteht deren Gefühle irgendwann allein durch deren Mimik und Gestik, Haltung oder Sprachmelodie.

Daher gilt auch: Je mehr Stunden täglich Jugendliche vor Bildschirmen – Computer, Laptop, Tablet, PC, Spielekonsole oder Smartphone – verbringen, desto weniger Zeit bleibt für reale Kontakte und desto weniger Mitgefühl haben diese

Jugendlichen für ihre Eltern und ihre Freunde. Genau dies wurde in der weltweit besten Studie hierzu herausgefunden. Diese Studie beruht auf Daten zweier Untersuchungen der Entwicklung von Menschen über Jahrzehnte hinweg, die in Neuseeland und Großbritannien durchgeführt wurden. Es sind die besten Daten, die es dazu weltweit gibt.

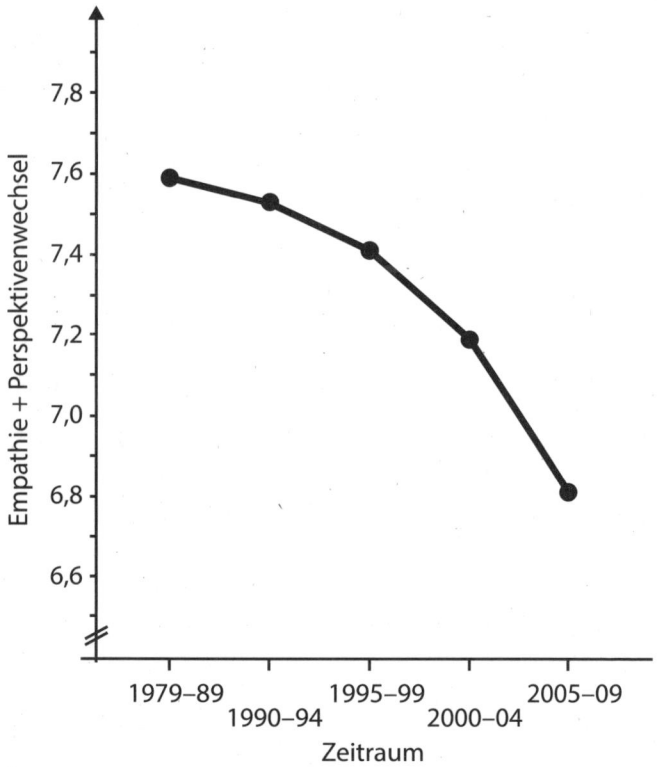

Abb. 11: Das in der Studie über Jahrzehnte hinweg mit immer gleicher Methodik abgefragte Mitgefühl wurde weniger – besonders deutlich seit etwa der Jahrtausendwende. Für die Abbildung wurden die über Jahrzehnte erhobenen Werte für »Mitgefühl« und »Perspektivenwechsel« addiert. Der Rückgang beider Werte war jeweils statistisch bedeutsam.[61]

Zwei Zeitungsmeldungen mögen illustrieren, dass wir den Verlust von Mitgefühl in unserer Gesellschaft ernst nehmen müssen:

1. Ein 82-jähriger Rentner liegt vor einem Geldautomaten, und die ersten vier Personen steigen über ihn, heben Geld ab und steigen nochmals über ihn – ohne Hilfe zu leisten. Der Mann verstarb einen Tag später im Krankenhaus, nachdem die fünfte Person ihm geholfen hatte – die Hilfe kam zu spät.

2. Ein Motorradfahrer stirbt noch am Unfallort. Ein zufällig anwesender Passant filmt mit seinem Smartphone dessen Tod und stellt den Film ins Netz. Weniger Mitgefühl geht kaum!

Schon im Jahr 2015 lautete das Jugendwort des Jahres »Smombie«, die Abkürzung von »Smartphone-Zombie« (Zombie: seelenloser Mensch), das heißt, den Jugendlichen selbst war der Zusammenhang zwischen der Nutzung des weltweit häufigsten digitalen Endgeräts und der Seelenlosigkeit aufgefallen.

Es wird Zeit, dass wir unsere »digitale Sorglosigkeit« – das heißt die Verantwortungslosigkeit der Erwachsenen gegenüber den Risiken und Nebenwirkungen digitaler Medien bei Kindern und Jugendlichen – überdenken. In einer Welt voller Menschen ohne Mitgefühl möchte keiner leben.

26
DIGITALE
VERTRAUENSKRISEN

Vertrauen gehört zum Grundvermögen einer Gemeinschaft. Nicht umsonst sprechen Ökonomen auch von Vertrauen als »gesellschaftlichem Kapital«. Vertrauen macht nicht nur wirtschaftlichen Austausch überhaupt erst möglich, sondern ist zudem unersetzlich für ein vernünftiges Miteinander in einer freien, offenen Gesellschaft. Je mehr die Leute in einer Gesellschaft einander vertrauen (und das heißt auch: zu Recht vertrauen können!), desto besser lebt es sich in dieser Gesellschaft.

Leider hat die Digitalisierung nun gleich drei – völlig verschiedene – Vertrauenskrisen hervorgebracht. Dies ist kaum bekannt, weswegen im Folgenden kurz geklärt wird, worum es geht.

Die erste digitale Vertrauenskrise entstand langsam, unmerklich und wird auch bis heute kaum wahrgenommen oder gar in den Medien diskutiert. Es geht um die von Soziologen gewonnene Erkenntnis, dass das Grundvertrauen in einer Gemeinschaft letztlich auf sehr vielen Einzelerlebnissen basiert. Diese werden jedoch durch das Smartphone reduziert. Werden die täglichen kleinen Begegnungen mit Fremden – nach dem Weg fragen, den Kaffee an der Ecke oder die Brötchen beim Bäcker kaufen, sich nach jemandem erkundigen – durch das Smartphone ersetzt, so führt dieser Rückgang an vielen jeweils winzig kleinen Begegnungen nachweislich zu einem Verlust des Grundvertrauens gegenüber anderen Menschen.[62]

Genau dieses Grundvertrauen ist jedoch der »Schmierstoff«, der unser Zusammenleben überhaupt erst ermöglicht. Seine Verminderung bedeutet letztlich, dass unsere Gemeinschaft weniger gut, also nicht mehr »wie geschmiert«, läuft.

Die zweite digitale Vertrauenskrise betrifft unser Vertrauen in die digitale Informationstechnik. Seit etwa drei Jahren sinkt das allgemeine Vertrauen in diese Technik dramatisch. Fake News, Wahlfälschung, Datenklau, Machtmonopole und bedrohte Arbeitsplätze sowie fehlende Privatheit haben dazu geführt, dass das Vertrauen in digitale Unternehmen wie Facebook, Amazon oder Google – drei der größten Unternehmen der Welt – nur noch vom Vertrauen in die Banken, die Bahn oder die Werbung unterboten wird.

Ganz besonders die jungen Leute zwischen 14 und 24 hatten Ende des Jahres 2018 deutlich weniger Vertrauen in die Digitaltechnik als vier Jahre zuvor. Dies ist das Ergebnis einer Umfrage des Deutschen Instituts für Vertrauen und Sicherheit im Internet (DIVSI). In dessen Studie (siehe Abb. 12) wurden jungen Menschen die gleichen Fragen gestellt wie bereits im Jahr 2014. Damals waren nahezu alle jungen Menschen hierzulande noch begeistert von den Möglichkeiten der digitalen Welt, waren optimistisch und wollten mehr davon. In der Umfrage von 2018 hingegen waren 60 Prozent eher skeptisch und gaben an, in Zukunft eher weniger Zeit mit digitalen Medien verbringen zu wollen.

Diese digitale Skepsis könnte langfristig die sinnvolle Nutzung der digitalen Informationstechnik für vielerlei sinnvolle Aufgaben beeinträchtigen. Gegen eine sinnvolle Nutzung der digitalen Medien als Werkzeug kann und darf man keine Einwände haben. Immer wieder wurde ich gefragt, und immer wieder habe ich in den vergangenen acht Jahren geantwortet:

Nein, das Arbeiten am Bildschirm führt *bei Erwachsenen nicht* zur digitalen Demenz, sondern erleichtert ihnen die Arbeit oder erhöht ihre Produktivität. Beides ist sinnvoll.

Abb. 12: Ausschnitt des Covers der Studie des Deutschen Instituts für Vertrauen und Sicherheit im Internet, die Ende des Jahres 2018 erschien und eine eher skeptische Sicht auf digitale Medien und das Internet gerade der jungen Generation (das heißt der Poweruser) zum Ergebnis hatte.

Dies bringt mich zur dritten digitalen Vertrauenskrise. Sie betrifft Kinder. Jeder Achtjährige, der schon einmal während des Computerspiels am Smartphone, das eigentlich der Mutter gehört, ein paar Waffen nachgekauft hat – mithilfe von deren bereits eingespeicherten Kreditkarteninformationen, ganz einfach, mit nur ein paar Clicks – weiß, dass im Netz nicht nur ehrliche rechtschaffene Menschen, sondern auch sehr viele Zocker und Halbkriminelle unterwegs sind, die jede noch offene Gesetzeslücke (und die Gesetzgebung kommt der »sehr kreativen« Digitalwirtschaft definitiv nicht nach!) rasch erkennen und zu Geld machen (vgl. Kapitel 9). Man kann sich ausmalen, wie die Mutter den Sohn zur Rede stellt – die Fassungslosigkeit beider! – und was das mit dem Vertrauens-verhältnis von der Mutter zum Sohn und dem Vertrauensver-hältnis vom Sohn zum Internet macht. Kurzfristig ist das erste stärker belastend. Langfristig wiegt das zweite schwerer. Denn hier wird ein Grundvertrauen, das Kinder nun einmal in die Welt mitbringen, zerstört, mit möglicherweise negativen Fol-gen für die Bereitschaft, sich mit einer wichtigen neuen Tech-nik auseinanderzusetzen.

In jedem der drei Fälle gilt: Vertrauen wird grundsätzlich nur langsam und mühevoll aufgebaut – nämlich nur durch vertrauenswürdiges Verhalten, das heißt Verlässlichkeit – und sehr leicht verspielt. Bei Vertrauenskrisen hilft daher auch ebenso grundsätzlich: (1) ehrlich miteinander reden und (2) danach handeln, wie man redet.

27
SCHWARMDUMMHEIT

Schwärme von Vögeln, Fischen oder Insekten können sich intelligent verhalten, obgleich keines der Individuen des Schwarms die Übersicht hat und lenkt. Man spricht von *Schwarmintelligenz.* Kein anderer als Sir Francis Galton, ein Cousin Charles Darwins, untersuchte dies beim Menschen als Erster. Beim Besuch eines Jahrmarkts beobachtete er einen Wettbewerb: 787 Personen schätzten das Gewicht eines Ochsen, und wer am genauesten schätzte, erhielt einen Preis. Nachdem der Schätzvorgang vorüber war, besorgte sich Galton alle abgegebenen Schätzzettel und wertete sie statistisch aus. Er fand zu seinem großen Erstaunen (denn er wollte eigentlich zeigen, wie dumm Menschenmassen sind), dass der Mittelwert aller Schätzungen vom tatsächlichen Gewicht des Ochsen um nur 0,8 Prozent abwich! Obwohl also viele Leute weit daneben schätzten, lag die Masse insgesamt praktisch genau richtig. »Es scheint, dass in diesem speziellen Fall die Stimme des Volkes die Wahrheit auf ein Prozent genau trifft«, kommentierte Galton im Fachblatt *Nature*[63] sein Ergebnis, nicht, ohne dessen politische Relevanz anzumerken: »Das Ergebnis zeigt aus meiner Sicht die Glaubwürdigkeit demokratisch gefällter Urteile in stärkerem Ausmaß, als man erwartet hätte.«

Vor zehn Jahren machte der US-Journalist James Surowiecki diese Idee in seinem Weltbestseller *Die Weisheit der Vielen* (*The Wisdom of Crowds*) international bekannt. Sie ist ganz einfach: Wenn jeder ein bisschen weiß und ein bisschen irrt und man den Durchschnitt aller bildet, dann heben sich die Irrtümer auf und die Wahrheit bleibt übrig.

Der Effekt ist ein statistischer und kein sozialer. Denn können die Teilnehmer miteinander kommunizieren, verschwindet dieser Effekt sogar und weicht desaströsem Herdenverhalten, wie amerikanische Wissenschaftler schon im Jahr 2006 herausfanden. Kommunikation führt unter bestimmten Bedingungen zu gegenseitiger Beeinflussung und damit zur Beeinträchtigung des Urteilsvermögens des Einzelnen.[64]

Ein höherer Grad an Kommunikation führt also nicht notwendigerweise zu intelligenterem Verhalten, sondern kann eine *geringere* Funktionsfähigkeit des Gesamtsystems zur Folge haben. Das zeigt zum Beispiel der globale Hochfrequenzhandel auf den Finanzmärkten: Die Geschäfte in Millisekunden führen keineswegs zu mehr Stabilität, sondern destabilisieren die Märkte, weil Zufallsschwankungen kommuniziert und dadurch verstärkt werden. Positives Feedback (»je mehr, desto mehr« – man stelle sich einmal eine Heizung vor, die so funktioniert!) *muss* zum Aufschaukeln von Zufällen führen. Dies zeigte vor mehr als einem halben Jahrhundert schon die Wissenschaft der Kybernetik. Daher bereitet unsere gegenwärtige Hypervernetztheit Unbehagen, wie die Finanzkrise, Trump, der Brexit, Fake News und vieles mehr uns immer wieder vor Augen führen.

28
SCHMERZEN DURCH
SMARTPHONES

Wie gleich mehrere in den letzten Jahren erschienene Studien aus China (Hongkong) und der Türkei zeigen, kann es bei intensiver Nutzung von Smartphones zu Schmerzen und Taubheitsgefühlen im Bereich der Finger und der Hand kommen. Die Ursache ist eine Enge im Bereich des Handgelenks, durch die ein wichtiger Nerv – der Nervus medianus – verläuft.

Folgendes ist in der Medizin schon lange bekannt: Vom Unterarm zur Hand verläuft auf der Handflächenseite des Handgelenks eine tunnelartige, aus Bindegewebe bestehende, recht feste Röhre, durch die neun Sehnen zum Beugen der Finger und der genannte Nerv verlaufen. Man nennt diese Röhre den Karpaltunnel. Ist der Tunnel ohnehin schon eng, und kommen noch vielfache monotone oder ungewöhnliche Handbewegungen dazu, kann es durch eine Reizung des Nervs zu Schmerzen im Bereich der Hand und zu Kribbeln im Zeigefinger und Mittelfinger der betroffenen Hand kommen. Später können eine Muskelschwäche am Daumenballen und chronische, bis in den Arm ziehende, heftige Schmerzen, oft auch nachts, hinzukommen.

Dieses Karpaltunnelsyndrom – weil das Wort so lang ist, spricht man meist vom »KTS« – kommt bei Metzgern, die viel mit Messern hantieren, bei Reinigungskräften, die oft Wäsche auswringen, oder bei Leuten, die sehr viel Zeit mit

Stricken oder Klavierspielen verbringen, nicht selten vor und kann daher bei Metzgern oder Musikern als Berufskrankheit anerkannt werden.

Man erkennt KTS am Kribbeln, das beim Klopfen auf die Handwurzel auf der Innenseite der Hand entsteht, oder an den Schmerzen, die auftreten, wenn man die Hände wie beim Beten fest aneinanderdrückt und dann gegen die Unterarme rechtwinklig abknickt. Bei entsprechendem Verdacht misst ein Neurologe die Geschwindigkeit, mit der Signale durch den Nerv laufen, und ist diese aufgrund seiner Schädigung erhöht, ist die Diagnose sicher. Die Therapie reicht von Ruhe (etwa durch eine Schiene am Handgelenk) über die Gabe von Spritzen bis zur operativen Spaltung der Röhre.

Ich würde dies hier nicht so ausführlich schildern, wenn nach den vorliegenden neuen medizinischen Erkenntnissen das Karpaltunnelsyndrom nicht auch bei intensivem Smartphone-Gebrauch auftreten würde.

In Hongkong wurde im Jahr 2017 bei Untersuchungen von Studenten herausgefunden, dass diejenigen Studenten mit mehr als fünf Stunden Smartphone-Gebrauch täglich signifikant mehr Schmerzen hatten als Studenten mit weniger als fünf Stunden Smartphone-Nutzung. Auch waren die beiden oben genannten Tests (Klopfen, »betende«, abgewinkelte Hände) bei signifikant mehr Studenten der Gruppe der Vielnutzer positiv. Zusätzlich untersuchte man den Grad der Enge des Karpaltunnels mittels Ultraschall und fand einen geschwollenen Nerv und damit eine erhöhte Enge bei den Vielnutzern.[65]

Bereits ein Jahr zuvor war – ebenfalls mittels Ultraschall – herausgefunden worden, dass ganz bestimmte Handbewegungen, wie sie beim Smartphone-Gebrauch häufig sind, die Enge im Tunnel verstärken und somit das Syndrom hervorru-

fen können. Die Autoren der Studien raten daher zur Zurück-
haltung beim Smartphone-Gebrauch, denn sonst kann es zu
heftigem digitalem Unbehagen kommen.

29
SIND SIE EIN MENSCH
ODER EIN ROBOTER?

Viele im weltweiten Datennetz zur Verfügung gestellten Dienste möchten vermeiden, dass Maschinen diese Dienste in Anspruch nehmen. Denn Maschinen sind viel geduldiger als Menschen und könnten den Service immer wieder nutzen, beispielsweise um vollautomatisch sehr viele Daten abzugreifen und diese dann zu sammeln und auszuwerten. Um das zu verhindern, ist es daher seit Jahren vielfach üblich, dass man vielerlei Dienste nur dann in Anspruch nehmen kann, wenn man sich zuvor als Mensch ausgewiesen hat. Wie aber macht man das?

Zur Lösung dieses Problems bediente man sich der Tatsache, dass menschliche Gehirne und Computer zwar beide Informationen verarbeiten, dies aber auf ganz unterschiedliche Weise tun. Daher gibt es Aufgaben, die für Menschen sehr leicht und für Maschinen (Computer bzw. Roboter) schwer zu lösen sind. Sie bestehen oft aus dem Sehen von in einer Reihe verzerrt und/oder verdreht dargestellten Zahlen oder Buchstaben, oft teilweise über- oder unterlagert mit ähnlichen Mustern (Abb. 13). Man muss die Zahlen oder Buchstaben erkennen und in ein Eingabefeld eintragen.

Mit solchen Leistungen der Gestalterkennung tun sich traditionelle Computer schwer. Und genau deswegen erfanden Mathematiker vor etwa 20 Jahren einen »vollautomatischen öffentlichen Turing-Test zur Unterscheidung von Computern und Menschen«, der im Englischen »*c*ompletely *a*utomated *p*ublic *T*uring test to tell *c*omputers and *h*umans *a*part« heißt und mit dem Akronym »Captcha« abgekürzt wird. Das ist leicht zu merken, da das Hauptwort »Captcha« ausgesprochen genauso klingt wie das Verb »to capture«, was so viel wie »einfangen« oder »erfassen« heißt. Und darum geht es ja beim Captcha: Eingefangen bzw. erfasst werden sollen damit Roboter, die sich als Menschen ausgeben.

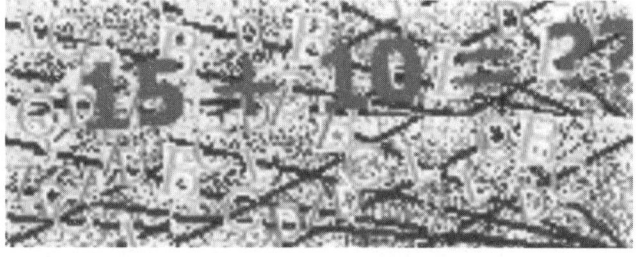

Abb. 13: Beispiel für ein Captcha, das mit verzerrten Buchstaben arbeitet (oben). Die Lösung heißt »smwm«. Unten ist ein Captcha zu sehen, das auf Figur-Hintergrund-Unterscheidung und einfachen mathematischen Fähigkeiten beruht (Lösung: »25«).

Das Problem mit den Captchas ist, dass sie einerseits auch von manchen Menschen nicht gelöst werden können, weil sie zuweilen recht kniﬄig sind. Andererseits werden Maschinen immer besser darin, Captchas zu erkennen. Man versucht sich daher auch an akustischen Versionen von Captchas (zu erkennen ist dabei verzerrte und verrauschte Sprache), die jedoch für Menschen schwieriger herauszuhören sind als visuelle Captchas, denn im Gegensatz zu Buchstaben und

Zahlen sind akustisch dargebotene englische Wörter für manchen englischen Muttersprachler schon schwierig und für Menschen, die nicht so gut Englisch sprechen, nahezu unlösbar. Hinzu kommt, dass Captchas die Barrierefreiheit im Internet beeinträchtigen, denn Blinde können optische und Gehörlose können akustische Captchas nicht lösen. Textbasierte Aufgaben (zum Beispiel: »Wie nennt man ein motorbetriebenes, vierrädriges Fahrzeug?« Antwort: »Auto«) funktionieren zwar, müssen jedoch im Gegensatz zu den maschinell erstellten optischen und akustischen Captchas von Menschen erdacht werden, was Zeit kostet. Die üblichen visuellen Captchas hingegen werden millionenfach von Maschinen erstellt. Das hört sich zwar paradox an – Maschinen erstellen Rätsel, die von Maschinen nicht gelöst werden können sollen –, ist es aber nicht, wenn man sich genauer anschaut, wie Captchas aussehen und wie sie entschlüsselt werden. Von Menschen erdachte wort- und sinnbezogene Captchas sind mithin nicht so leicht millionenfach zu erzeugen. Zweitens können sie von Maschinen gelernt werden und sind dann natürlich nutzlos.

Maschinen werden immer besser, was »typisch menschliche« Leistungen anbelangt. Dies liegt nicht zuletzt daran, dass die Arbeit von großen, aus Nervenzellen bestehenden Netzwerken mittels sogenannter neuronaler Netzwerke im Computer simuliert und mittlerweile sogar schon als Hardware gebaut werden, die selbsttätig lernen können. Daher wird es für derartig programmierte oder gebaute Computer auch immer leichter, sich als Menschen auszugeben. Und deswegen wird die Ära der Captchas bald zu Ende gehen. Das macht derzeit vor allem den großen Internet-Firmen wie eBay oder digitalen Finanzdienstleistern Sorgen. Mittelfristig wird es uns allen etwas Kummer bereiten, dass wir uns im Netz immer schlechter von Robotern werden abgrenzen können.

30
ONLINE VERSUS PRIVAT
UND SICHER

»Online« ist das genaue Gegenteil von »privat und sicher«. Das hören die Befürworter der Digitalisierung nicht gerne, das ist aber ganz eindeutig so – wie uns Fälle von Datenklau immer wieder überdeutlich vor Augen führen.

Anfang des Jahres 2018 gab es eine Hackerattacke auf die Gesundheitsdaten von mehr als der Hälfte der Bevölkerung in Norwegen. Anfang des Jahres 2019 wurde hierzulande ein besonders schwerer Fall von Hackerangriff bekannt, der insbesondere viele Politiker betroffen hatte. Sogar in der Tagesschau wurde vermeldet, dass sich der Grünen-Politiker Habeck daher von Twitter und Facebook verabschiedet hat. Auf »Tagesschau-online« wurde erklärt, wie das jeder Bürger ebenfalls tun könne. Die sinkenden Nutzerzahlen von Facebook und die letzte Umfrage des Deutschen Instituts für Sicherheit und Vertrauen im Internet (DIVSI) bei 14- bis 24-Jährigen zeigen zudem, dass die Mehrheit der Hauptnutzer des Internets (60 Prozent) mittlerweile skeptisch ist und künftig weniger Zeit digital verbringen will – ganz im Gegensatz zum Ergebnis der gleichen Umfrage vier Jahre zuvor. Damals waren noch alle begeistert und wollten »mehr« (siehe Kapitel 26).

Aufgrund solcher Pannen bei der Datensicherheit sind viele Menschen hierzulande längst nicht mehr so digital-enthusiastisch, wie sie das vor wenigen Jahren noch waren. Gemäß einer weiteren repräsentativen Umfrage des Instituts *Infratest dimap* vom 7. und 8. Januar 2019 bei 1005 wahlberechtigten Deutschen versuchen 60 Prozent, online so wenig persönliche Daten wie möglich preiszugeben – auch wenn das unbequemer ist. Nur drei Prozent der Befragten halten die Weitergabe persönlicher Daten im Internet für unproblematisch. Über Datenmissbrauch machen sich 61 Prozent sehr große oder große Sorgen, gar keine Sorgen machen sich nur vier Prozent. Gut die Hälfte (53 Prozent) meint, dass sich Chancen und Risiken der Digitalisierung ungefähr die Waage halten, die knappe andere Hälfte ist gespalten in »eher positiv« und »eher negativ«.

Die Bürger in Deutschland sind damit im Hinblick auf ihre kritische Haltung vielen Politikern und Medien – und beispielsweise auch den Bürgern der USA – um ein gutes Stück voraus: Denn Politiker sprechen nach wie vor fast nur von den Chancen der Digitalisierung und kaum von deren Risiken. Und über ihre Spur im Netz machen sich die Menschen weltweit deutlich weniger Sorgen als wir. Dass man im Netz der Netze praktisch nicht unterwegs sein kann, ohne dort in verschiedenster Hinsicht gespeichert zu sein, scheint den meisten Amerikanern beispielsweise völlig egal zu sein. »Das ist eben so – aber wer nichts zu verbergen hat, dem wird es auch nicht groß schaden«, scheint dort die gängige Meinung zu sein. Dass sie von der NSA bespitzelt werden, merken sie nur, wenn sie bestimmte Wörter in ihrer Kommunikation verwenden, die den Computern der NSA auffallen.

Die Deutschen hingegen machen sich nicht nur Sorgen um ihre Privatheit, sondern auch um ihren Arbeitsplatz, um die Zunahme von Anonymität und Aggressivität sowie um die Abnahme von Empathie und Hilfsbereitschaft. Machen wir uns nichts vor: Das Internet ist nicht nur, aber leider auch, der größte Tummelplatz für Beleidigungen, Mobbing, Abzocke und kriminelle Aktivitäten.

Der mit Abstand größte Rotlichtbezirk ist das Internet schon lange (35 Prozent des gesamten Internetverkehrs ist Pornografie). »Pornografie begleitet Kinder heute durch die Pubertät. Der Erstkontakt mit ihr findet im Schnitt zu dem Zeitpunkt statt, wenn die Kinder mit Smartphones ausgestattet werden, also in der Regel mit 11 Jahren. Im Alter von 14 Jahren haben über 9 von 10 Kindern bereits einschlägige Erfahrungen mit Pornografie gemacht«, sagt die Ärztin Dr. Heike Melzer, die erst kürzlich ein Buch über die Gefahren dieser Entwicklung veröffentlicht hat, in einem Interview.

Die Gefährdung ihrer Privatheit bereitet sogar Politikern digitales Unbehagen. Dass sie sich mit anderen Risiken und Nebenwirkungen der digitalen Informationstechnik, die zu weitaus mehr Besorgnis Anlass geben können, gar nicht oder nur selten beschäftigen, macht mir Sorgen.

31
WIE VIEL SIND (UNS)
UNSERE DATEN WERT?

Daten sind das Gold des 21. Jahrhunderts – so zumindest hört und liest man es sehr oft in ökonomischen Beiträgen zur Digitalisierung wirtschaftlicher Prozesse. Aus persönlichen Daten wird Geld gemacht, sie werden monetarisiert, wie man heute sagt. Daher wird zugleich auch der Schutz unserer persönlichen Daten immer wichtiger. Gerade hierzulande gibt es ein großes Unbehagen im Hinblick auf den Zugang von Unternehmen und staatlichen Institutionen zu personenbezogenen bzw. persönlichen Daten.

Am 25. Mai 2018 führte die Europäische Union (EU) die Datenschutz-Grundverordnung (*DSGVO*) ein. Auch in Kalifornien gibt es seit dem 1.1.2020 ein Gesetz, den *California Consumer and Privacy Act (CCPA)* zum Schutz personenbezogener Daten, das der DSGVO sehr ähnlich ist. In vielen Ländern der Welt ist die Situation jedoch noch nicht geklärt. Es ist deshalb von großem Interesse, dass im Januar und März 2020 zwei Studien erschienen sind, in denen jeweils gemessen wurde, wie viel den Menschen aus verschiedenen Ländern verschiedene Typen von Daten ganz konkret wert sind.

US-amerikanische Wissenschaftler publizierten im Januar 2020 eine Studie, im Rahmen derer gemessen wurde, wie viel US-Dollar die Menschen aus sechs Ländern für ihre Daten verlangen würden.[66] Man untersuchte verschiedene Typen von Daten (Daten zu Finanzen, Fingerabdrücken, Biometrie,

Standort, Freunden, Kommunikation und Web-Nutzung), die von verschiedenen Firmen aus der Digitalwirtschaft (zum Beispiel Telecom, Banken, Facebook oder Handy-Hersteller) gesammelt werden.

Die Autoren entwickelten vier Fragebögen, die sich auf vier Bereiche bezogen, in denen persönliche Informationen über die jeweiligen Teilnehmer vorlagen: (a) den Mobilfunkanbieter, (b) das Finanzinstitut (Bank), (c) das Smartphone und (d) das Facebook-Konto des Befragten. Konkret wurde gefragt, für wie viel Geld monatlich die Teilnehmer bereit wären, ihre persönlichen Daten zu Finanzen, Biometrie, Standort, Netzwerke, Kommunikation und Web-Nutzung zur Verfügung zu stellen. Die Umfrage war internetbasiert und wurde bei 15.600 Menschen durchgeführt.

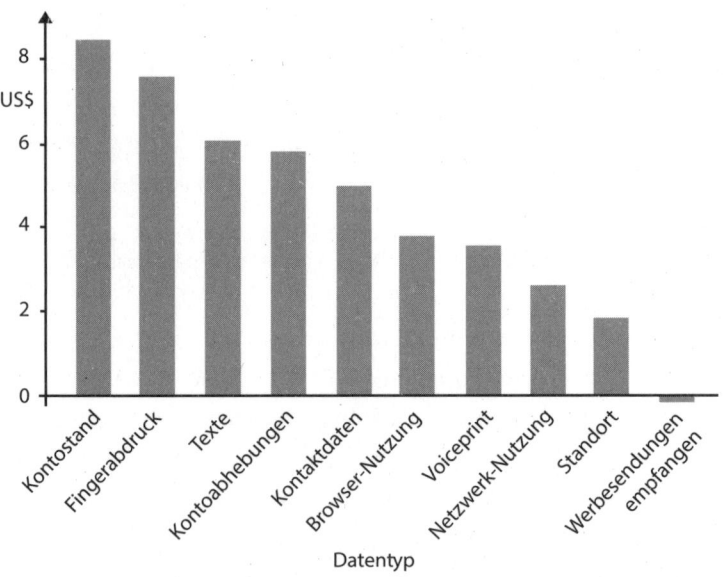

Abb. 14: Durchschnittlicher, von den Teilnehmern geforderter monatlicher Betrag für die Erlaubnis, auf bestimmte Typen von eigenen Daten zuzugreifen und Dritten zur Verfügung zu stellen.[67]

Im Durchschnitt aller Länder und Bereiche legten die Menschen den größten Wert auf die Geheimhaltung von Finanzdaten, biometrischen (Fingerabdruck-)Informationen und von ihnen produzierten Texten (siehe Abb. 14).

Um einer Firma oder Plattform zu erlauben, Daten zum eigenen Bankguthaben zu verwenden und weiterzugeben, müsste die Firma bzw. Plattform den Nutzern monatlich 8,44 US Dollar zahlen, 7,56 Dollar monatlich für den Fingerabdruck und 6,05 Dollar monatlich für das Lesen persönlicher Texte. Nur monatlich 1,82 Dollar wollten die Nutzer dagegen für die Weitergabe ihres Standortes bezahlt bekommen und im Durchschnitt gar nichts für die Zusendung von Werbung per SMS.

Zwischen den untersuchten sechs Ländern gab es interessante Unterschiede. Im Allgemeinen ließen sich die Menschen in Deutschland ihren Verzicht auf den Datenschutz teurer bezahlen als die Menschen in den USA und in Lateinamerika. Deutsche Befragte verlangten für Daten zu Bankguthaben monatlich 15,43 Dollar. Bei ihrem Fingerabdruck hingegen sind die Deutschen nicht so pingelig. Zwar wird der Fingerabdruck im Durchschnitt aller Länder von allen untersuchten Datentypen am zweithöchsten bewertet (siehe Abb. 14) – nicht aber von den Deutschen, denen Daten über ihren Fingerabdruck nur halb so viel wert sind wie Daten über ihr Bankkonto. Interessant ist zudem das Ergebnis, dass Menschen in Lateinamerika (Argentinien, Kolumbien und Mexiko) sogar monatlich Geld dafür *bezahlen* würden, um Werbung zu bekommen. Der Schutz von Daten zum eigenen Standort war den Menschen in jedem Land ebenfalls nur *wenig* wert. Relativ *viel* wert war den Menschen überall dagegen, was sie an privaten Texten schreiben (etwa sechs Dollar/Monat) und mit welchen Menschen sie Kontakte haben (etwa fünf Dollar/Monat).

Menschen in allen sechs Ländern vertrauten ihrem Mobilfunkanbieter sehr deutlich weniger als Facebook, nur in Deutschland misstraut man Facebook nahezu ebenso stark wie dem Mobilfunkanbieter. In Deutschland ist der Betrag, den Facebook den Nutzern für das Recht, Kontaktdaten zu teilen, zahlen müsste, mit Abstand am höchsten. Des Weiteren kam heraus: Ältere vertrauen weniger (das heißt, sie fordern mehr Geld für die Weitergabe ihrer Daten) als jüngere; Frauen vertrauen weniger als Männer. Das Einkommen hatte übrigens keinen Einfluss auf das Vertrauen bzw. die finanziellen Forderungen.

Eine zweite Studie zum Datenschutz – der *Genomic Data Governance Survey (GDGS)* – stammt ebenfalls aus den USA und dreht sich um Richtlinien zum Schutz privater individueller genetischer Informationen in Biobanken.[68] Hierzu muss man wissen, dass in den USA bereits Millionen von Menschen ihr ganz privates Genom aus Interesse an ihrer Abstammung haben untersuchen lassen. In einem Einwanderungsland, in dem die Herkunft und diesbezügliche Traditionen grundsätzlich mehr beachtet und vor allem gepflegt werden als in den (sich weiterentwickelnden) Herkunftsländern, ist dies kein Wunder. Auch gibt es eine zunehmende Zahl von Firmen, die aufgrund von genetischen Informationen bestimmte Dienstleistungen, wie zum Beispiel personalisierte Medizin, anbieten. Biobanken sind im Hinblick auf den Datenschutz besonders heikel, denn die Genetik einer Person ist unverwechselbar und sagt eine Menge über die Person aus. Man sprach diesbezüglich auch schon von einer »neuen Bankenkrise« und meinte damit nicht Geldinstitute, sondern Forschungsbiobanken.

Beim *GDGS* wurden im Jahr 2018 vom 27. November bis 20. Dezember insgesamt 2020 Teilnehmer nach ihrer Bereitschaft gefragt, ihre Daten zur Verfügung zu stellen, sowie gegebenenfalls auch nach der Bezahlung, die sie als Gegenleistung dafür erwarten würden.

Danach wurden die Teilnehmer per Zufall in fünf Gruppen eingeteilt, die ihre Fragen angeblich von fünf unterschiedlichen Organisationsformen bekamen: von technischen, gewinnorientierten Firmen über gewinnorientierte Pharmafirmen bis zu öffentlichen universitären Laboratorien, Krankenhäusern und dem nationalen Gesundheitsdienst. Man wollte wissen, unter welchen Bedingungen man bereit war, seine Daten zu spenden oder zumindest zu verkaufen.

Das vielleicht wichtigste Ergebnis der Studie bestand darin, dass im Vergleich zu früheren ähnlichen Befragungen (bei denen für gewöhnlich mehr als 50 Prozent zur Spende ihrer genetischen Informationen bereit war) die Bereitschaft zur Spende nun deutlich geringer war: Nur 11,7 Prozent aller Teilnehmer waren »Spender«, das heißt, sie waren bereit, ihre Daten zu spenden. Demgegenüber waren 37,8 Prozent keinesfalls zur Überlassung ihrer Daten bereit, und die Mehrheit (50,6 Prozent) wollte ihre Daten nur gegen Bezahlung hergeben (»Verkäufer«). Der verlangte Preis lag im Durchschnitt bei 130 Dollar.

	Prozentsatz der Teilnehmer, bei denen die Richtlinie	
	die Bereitschaft vermindert	die Bereitschaft erhöht
1. Recht auf die Löschung der Daten	6,7	72,2
2. Daten werden nicht verkauft, vermietet oder mit anderen geteilt	7,1	69,6
3. Bei jeder künftigen Nutzung wird um Erlaubnis gebeten	9,4	67,9
4. Datensicherheit auf dem neuesten Stand	9	55,4
5. Mitarbeiter unterschreiben einen »Verhaltenskodex«	9,3	53,7
6. Kein Datenzugriff durch die Regierung	14,9	53,8
7. Unabhängige Überprüfung und Zertifizierung der Datensicherheit	13,1	49,6
8. Datenbank schließt Krankenakten der Familie ein	32,7	31,4
9. Datenschutzkomitee schließt Bürger ein	28,9	27,2
10. Daten werden für unbegrenzte Zeit gespeichert	30,8	23,1
11. Anonymisierte Daten bei der Regierung hinterlegt	39,7	23
12. Datenzugang an Pharmafirmen verkauft	67,2	11,8

Abb. 15: Einfluss der Regelungen zur Datenweitergabe und Datensicherheit auf die Bereitschaft der Teilnehmer, ihre Daten zur Verfügung zu stellen. (Die Werte addieren sich nicht zu 100 %, weil der Anteil derjenigen, die gegenüber der Regelung neutral waren, nicht angegeben ist.)[69]

Des Weiteren gab es keine großen Unterschiede dahingehend, wer die Daten sammelte: Krankenhäusern spendete man seine Daten eher (14,5 Prozent), Universitäten (14 Prozent) und dem nationalen Gesundheitsdienst (zwölf Prozent) auch. Weniger Spender gab es bei gewinnorientierten Technologie- (10,9 Prozent) oder Pharmafirmen (6,2 Prozent).

Wenn die eigenen Daten auf Antrag gelöscht werden konnten oder nicht verkauft, vermietet oder mit anderen geteilt werden sollten, erhöhte das die Bereitschaft zur Spende am ehesten. Der Verkauf der Daten an eine pharmazeutische Firma reduzierte die Bereitschaft zu spenden am meisten.

Im Lichte der ersten, oben diskutierten Studie ist die zweite Studie hinsichtlich ihrer Aussagekraft für die Bereitschaft hierzulande definitiv begrenzt, obwohl man wirklich gerne wüsste, wie es um die Sorgen der Deutschen um Informationen über ihre Gene bestellt ist. Aber wir sind im Hinblick auf eine derartige kommerzielle Anwendung der Genforschung den USA um Jahre hinterher (ich kenne persönlich hierzulande niemanden, der sein Genom hat sequenzieren lassen, jedoch durchaus einige Amerikaner, die das spaßeshalber – »kostet ja nur 100 Dollar« – schon gemacht haben). Daher fehlen uns auch vielfache persönliche Erfahrungen mit solchen Daten. Und deswegen sind wir entweder ahnungslos oder ängstlich oder beides, denn was man nicht kennt, macht Angst.

Insgesamt fand ich es erstaunlich, den Menschen ihre Daten wert waren, d. h. wie »billig« sie diese zu verkaufen bereit waren. Was bedeutet das für die Praxis des Datenschutzes? Die Autoren der ersten Studie sehen das sehr pragmatisch, schreiben sie doch in der Einleitung: »Wenn wir zum Beispiel feststellen sollten, dass die Europäer bestimmte Elemente ihrer Privatsphäre mehr schätzen als die USA, dann könnte eine strenge Datenschutzregelung wie die, die durch die europäische Datenschutzgrundverordnung geschaffen wurde, in

Europa, aber nicht in Amerika, Nettovorteile bringen.« Man muss ihnen jedoch entgegenhalten, dass es bei Verordnungen oder Gesetzen nie nur um das geht, was Menschen tun, sondern auch um das, was sie tun *sollen*. Krass (wie meine Kinder sagen würden) formuliert: Egal, wie viel der Durchschnittsdeutsche für den Zugang zu Kinderpornografie bezahlen würde, würden wir deswegen noch lange keine Verordnung erlassen, die diese erlaubte. Oder weniger krass: Man hat keine Studie durchgeführt, ob man in Kalifornien über den Datenschutz anders denkt als in den übrigen US-Bundesstaaten, bevor man den dortigen strengen Datenschutz eingeführt hat. Man hat sich vielmehr überlegt, was für die Menschen und sogar für die Wirtschaft gut ist! Denn es sind kalifornische Firmen, die ihre digitalen Produkte weltweit verkaufen und damit zu den reichsten Firmen der Welt geworden sind. Das soll aus deren Sicht auch so bleiben, weswegen man sich besser dem weltgrößten Binnenmarkt – der EU – anpasst.

Und ebenso hat die EU keine Studie durchgeführt, bevor sie die DSGVO eingeführt hat. Warum? Weil es bei Recht und Gesetz nicht allein um das, was ist (physikalische Realität) geht, sondern auch um deren Bewertung durch viele, in Gemeinschaft lebende Menschen. Schon immer haben diese sich Normen unterworfen, die jeden Einzelnen in seiner Freiheit beschneiden, aber dem Großen und Ganzen der Gemeinschaft dienlich sind. Dies betrifft weitaus mehr, als sich in Dollar ausdrücken lässt. Grundwerte wie Kommunikationsgemeinschaft, Freiheit, Privatheit, Solidarität, Vertrauen, Gerechtigkeit sowie Schutz des Lebens und der Lebensgrundlagen sollten nicht täglich nach ökonomischen Prinzipien ausgehandelt werden, weil es die Prinzipien sind, die ein solches Aushandeln überhaupt erst möglich machen.

Diese Position ist – das muss hier gesagt sein dürfen – nicht wissenschaftsfeindlich. Im Gegenteil: Sie schützt auch die Freiheit der wissenschaftlichen Forschung, die uns immer wieder Überraschendes über uns selbst vor Augen hält, einen Spiegel, der uns unser wahres Gesicht zuweilen deutlicher (einschließlich Falten und Pickel) zeigt, als das unser – zuweilen rosa verzeichnendes – geistiges Auge allein vermag.

32
JUGEND UND SMARTPHONES IM LAND DER SMARTPHONES

Südkorea ist das Land, in dem weltweit die meisten Smartphones produziert werden. Apple macht weltweit zwar den meisten Umsatz mit Smartphones (weil die Geräte dieser Firma sehr teuer sind), die größten Stückzahlen jedoch kommen aus Südkorea. Dort sind sie auch gerade unter jungen Menschen sehr stark verbreitet, jeder Jugendliche hat eines, manche haben auch zwei. Die tägliche Nutzungsdauer von Smartphones liegt bei jungen Menschen in diesem Land bei durchschnittlich 5,4 Stunden. Die Nutzung aller anderen digitalen Medien kommt dann noch oben drauf: PC, Tablet, Laptop, Geräte, um Video- und Computerspiele zu spielen und Videos zu schauen, und das gute alte Fernsehen.

Das südkoreanische Wissenschaftsministerium gab vor wenigen Jahren den Anteil der Smartphone-Süchtigen unter den Zehn- bis 19-jährigen jungen Menschen mit über 30 Prozent an. Eine Umfrage aus dem Jahr 2018 an 4868 Südkoreanern im Alter von zehn bis 19 Jahren ergab, dass 43 Prozent Probleme mit der Kontrolle der Zeit, die sie am Smartphone verbringen, haben; 34 Prozent haben Schwierigkeiten, sich zu konzentrieren, wenn ein Smartphone in der Nähe ist; 25 Prozent streiten sich heftig in der Familie über ihre Smartphone-Nutzung; 22 Prozent haben Probleme mit dem Lernen wegen ihres Smartphones; 17 Prozent gaben an, wegen ihres Smartphones gesundheitliche Probleme zu haben, und 16

Prozent hatten ernsthaften Streit mit ihren Freunden wegen des Smartphones.

Kein Wunder, dass es in Südkorea Smartphone-Entzugs-Camps gibt. In jedem dieser Camps werden etwa 25 junge Menschen – Jungen und Mädchen getrennt – behandelt. Sie verbringen Zeit mit viel Bewegung in der Natur (mit ähnlichen Tätigkeiten, wie man sie von den Pfadfindern kennt), sie zeichnen, malen, werkeln und machen Projekte verschiedenster Art.

Aber nicht nur die Sucht ist in Südkorea ein Problem. Der Anteil der kurzsichtigen Jugendlichen (normal wären maximal fünf Prozent) liegt in Südkorea bei über 90 Prozent. Das liegt daran, dass das Smartphone nicht nur das am meisten genutzte Bildschirm-Medium ist, sondern auch das kleinste mit dem kleinsten Bildschirm. Man muss recht nahe an das Gerät heran, um alles gut zu sehen.

Seit über 140 Jahren ist bekannt, dass stundenlanges Lesen von Büchern zu Kurzsichtigkeit führt. Man spricht deshalb auch von »Schulkurzsichtigkeit«. Der Mechanismus der Entstehung dieser Kurzsichtigkeit ist mittlerweile gut untersucht: Unsere Augen wachsen bis ins dritte Lebensjahrzehnt hinein so lange, bis sie scharf sehen. Dann wird das Wachstum automatisch beendet. Schaut man also vor dieser Zeit oft und lange in die Nähe, schneiden sich die von der Linse gebündelten Lichtstrahlen weiter hinten im Auge, weswegen das Auge nach hinten messbar länger wird. Weil das Auge dann aufgrund des vermehrten Längenwachstums deformiert ist, kann es dadurch auch zu weiteren Augenkrankheiten – sogar bis zur Erblindung – kommen. Auch darüber ist man in Südkorea sehr besorgt.

Um die junge Generation vor den schlimmsten Auswirkungen des Smartphones zu schützen, wurde daher vor einigen Jahren in Südkorea die Smartphone-Nutzung von Menschen unter 19 Jahren per Gesetz eingeschränkt. Mittels geeigneter Software werden – per Gesetz! – der Zugang zu Pornografie und Gewalt blockiert und die Nutzungszeit registriert (und den Eltern gemeldet, wenn der Sohn oder die Tochter zu viel Zeit am Smartphone verbringt – automatisch!), und der Zugang zu Spiele-Servern wird ab Mitternacht blockiert. Südkorea hat weltweit die meisten Erfahrungen mit der Smartphone-Nutzung bei Jugendlichen. Das Land nimmt die Auswirkungen auf die Gesundheit gerade von jungen Menschen sehr ernst. An diesem Land sollten wir uns ein Beispiel nehmen.

DANK

Der Kapitän eines Schiffs kann sich nur dann Gedanken über Gott und die Welt und die Seefahrt im Allgemeinen machen, wenn er die Ruhe dazu hat und das Schiff durch seine Mannschaft in guten Händen weiß sowie die See halbwegs ruhig ist. Daher gilt mein Dank den Freunden und Mitarbeitern an »meiner« Klinik, der Ulmer Uni-Psychiatrie. Zudem danke ich Herrn Matthias Setzler, Frau Petra Holzmann und Frau Elena Grunwald von der Münchner Verlagsgruppe für ihren Einsatz für dieses Buch. Julia, Georg, Thomas und Heiko danke ich ganz einfach dafür, dass sie da sind und mir beim Ordnen meiner Gedanken behilflich sind, auch wenn es zuweilen sehr viel zu tun gibt. Ohne meine Tochter Ulla hätte es dieses Buch nie gegeben. Danke, Ulla!

ÜBER DEN AUTOR

Prof. Dr. med. Dr. phil. Dipl. psych. Manfred Spitzer, geboren 1958, studierte Medizin, Philosophie und Psychologie, war zweimal Professor an der Harvard University und leitet die Psychiatrische Universitätsklinik in Ulm sowie das dortige Transferzentrum für Neurowissenschaften und Lernen. Seine Bücher, darunter die Bestseller *Lernen* (2003) und *Digitale Demenz* (2012), wurden in mehr als 20 Sprachen übersetzt. Er ist einer der bekanntesten Gehirnforscher Deutschlands und versteht es wie niemand sonst, wissenschaftliche Erkenntnisse anschaulich und fundiert zu vermitteln.

ANMERKUNGEN

1   Radesky et al. 2014

2   Radesky et al. 2015

3   Nach Daten aus Radesky et al. 2015, S. 240

4   Vgl. Spitzer 2015, Kap 11: Cybersex

5   Bhattacharya 2015

6   LeFebvre 2018

7   Ridgway & Clayton 2016; Modica 2020

8   Clayton et al. 2013

9   Clayton 2014

10 Spitzer 2015, 2018

11 DAK 2019

12 Spitzer 2012, 2015, 2018

13 Spitzer 2019

14 Zendle & Bowden-Jones 2019

15 Für eine ausführliche Übersicht mit sehr vielen Quellenangaben vgl. Spitzer 2019

16 Wurzbacher 2019

17 Spitzer 2018

18 Madigan et al., JAMA Pediatrics, Januar 2019

19 Walsh et al., Lancet Child Adolesc Health

20 BLIKK Studie (2017)

21 Ebbinghaus 2019

22 Sandoval et al. 2015

23 Tossel et al. 2015

24 Daten aus Tossel, Abb. Spitzer 2015

25 Beland & Murphy 2015

26 Beland & Murphy 2015

27 Nach Spitzer 2015, S. 341; dort auch weiterführende Angaben und Literatur

28 Daniel & Willingham 2012

29 Sparrow et al. 2012

30 Delgado et al. 2018

31 Mueller & Oppenheimer 2014

32 Ward et al. 2017

33 Ravizza et al. 2017

34 Carter et al. 2017

35 Schleicher 2015

36 Anonymus 2018

37 Vosoughi et al. 2018

38 From Vosoughi et al., »The spread of true and false news online« Science 09 Mar 2018: Vol. 359, Issue 6380, pp. 1146–1151 DOI: 10.1126/science.aap9559. Reprinted with permission from AAAS.

39 Newitz 2020

40 Tufekci 2018

41 Grimm 2017. Eine Übersicht in englischer Sprache findet man auf Wikipedia.

42 Stokel-Walker 2019, Papadamou et al. 2019

43 Fancourt & Steptoe 2019

44 White & Horvitz 2009

45 Eichenberg et al. 2013

46 Sparrow et al. 2012. Mittlerweile gibt es hierzu eine große Zahl von Studien (vgl. Spitzer 2015, 2018)

47 Vgl. Spitzer 2000, 2003, 2012

48 Vgl. Spitzer 2020a

49 Spitzer 1988

50 Spitzer 2018, Kap. 9

51 Spitzer 2018, S. 189

52 Müller & Schwarz 2019

53 Schematisiert nach Daten aus Müller & Schwarz 2019

54 Williams et al. 2019

55 Aus Williams et al. 2019

56 Williams et al. 2019

57 Aus Williams et al. 2019

58 Shetty 2016

59 Anonymus 2019b

60 Williams et al. 2019

61 Nach Daten aus Konrath et al. 2011

62 Kushlev & Proulx 2016, Kushlev et al. 2017

63 Galton 1907

64 Salganik et al. 2006

65 Woo et al. 2016, 2017

66 Prince & Wallsten 2020

67 Nach Prince & Wallsten 2020

68 Briscoe et al. 2020

69 Aus Spitzer 2020, nach Daten aus Briscoe et al. 2020

70 Radesky et al. 2014

71 Radesky et al. 2015

72 Nach Daten aus Radesky et al. 2015, S. 240

73 Vgl. Spitzer 2015, Kap 11: Cybersex

74 Bhattacharya 2015

75 LeFebvre 2018

76 Ridgway & Clayton 2016; Modica 2020

77 Clayton et al. 2013

78 Clayton 2014

79 Spitzer 2015, 2018

80 DAK 2019

81 Spitzer 2012, 2015, 2018

82 Spitzer 2019

83 Zendle & Bowden-Jones 2019

84 Für eine ausführliche Übersicht mit sehr vielen Quellenangaben vgl. Spitzer 2019

85 Wurzbacher 2019

86 Spitzer 2018

87 Madigan et al., JAMA Pediatrics, Januar 2019

88 Walsh et al., Lancet Child Adolesc Health

89 BLIKK Studie (2017)

90 Ebbinghaus 2019

91 Sandoval et al. 2015

92 Tossel et al. 2015

93 Daten aus Tossel, Abb. Spitzer 2015

94 Beland & Murphy 2015

95 Nach Spitzer 2015, S. 341; dort auch weiterführende Angaben und Literatur

96 Daniel & Willingham 2012

97 Sparrow et al. 2012

98 Delgado et al. 2018

99 Mueller & Oppenheimer 2014

100 Ward et al. 2017

101 Ravizza et al. 2017

102 Carter et al. 2017

103 Schleicher 2015

104 Anonymus 2018

105 Vosoughi et al. 2018

106 Newitz 2020

107 Tufekci 2018

108 Grimm 2017. Eine Übersicht in englischer Sprache findet man auf Wikipedia.

109 Aus Papadamou et al. 2019

110 Stokel-Walker 2019, Papadamou et al. 2019

111 Fancourt & Steptoe 2019

112 White & Horvitz 2009

113 Eichenberg et al. 2013

114 Sparrow et al. 2012. Mittlerweile gibt es hierzu eine große Zahl von Studien (vgl. Spitzer 2015, 2018)

115 Vgl. Spitzer 2000, 2003, 2012

116 Spitzer 1988

117 Spitzer 2018, Kap. 9

118 Spitzer 2018, S. 189

119 Müller & Schwarz 2019

120 Schematisiert nach Daten aus Müller & Schwarz 2019

121 Williams et al. 2019

122 Aus Williams et al. 2019

123 Shetty 2016

124 Anonymus 2019b

125 Williams et al. 2019

126 Nach Daten aus Konrath et al. 2011

127 Kushlev & Proulx 2016, Kushlev et al. 2017

128 Galton 1907

129 Salganik et al. 2006

130 Woo et al. 2016, 2017

131 Prince & Wallsten 2020

132 Nach Prince & Wallsten 2020

133 Briscoe et al. 2020

134 Aus Spitzer 2020, nach Daten aus Briscoe et al. 2020

LITERATUR

Anonymus (2018) Is all publicity good? New Scientist 3167: 5

Anonymus (2019a) Medienkonsum: Smartphones machen Kinder krank. (afp) Deutsches Ärzteblatt 116: A 2056

Anonymus (2019b) Curbing hate speech isn't censorship – it's the law. UK niversities are being accused of suppressing ideas. All they are doing is complying with the law – and common decency. New Scientist 21.2.2918 (www.newscientist.com/article/mg23731662-900-curbinghate-speech-isnt-censorship-its-the-law/; abgerufen am 11.9.2019)

Beland L.-P., Murphy R. (2015) Ill Communication: Technology, Distraction & Student Performance. Centre for Economic Performance (CEP) Discussion Paper No 1350 (May 2015). London School of Economics and Political Science, Houghton Street, London WC2A 2AE

Bhattacharya S. (2015) A date with disease: Get the app, risk the clap? New Scientist 3.1.2015 (Issue 3002)

BLIKK-Studie (2018) (Bewältigung, Lernverhalten, Intelligenz, Kompetenz, Kommunikation Medien Studie Abschlussbericht zur Pressekonferenz vom 29.05.2017 BLIKK-Medien: Kinder und Jugendliche im Umgang mit elektronischen Medien (https://www.drogenbeauftragte.de/fileadmin/Dateien/5_Publikationen/Praevention/Berichte/Abschlussbericht_BLIKK_Medien.pdf; abgerufen am 2.7.2018)

Briscoe F., Ajunwa I., Gaddis A., McCormick J. (2020) Evolving public views on the value of one's DNA and expectations for genomic database governance: Results from a national survey. PLoS ONE 2020; 15 (3): e0229044. doi. journal. pone.0229044

Carter S.P., Greenberg K., Walker M.S. (2017) The impact of computer usage on academic performance: Evidence from a randomized trial at the United States Military Academy. Economics of Education Review 56: 118–132

Clayton R.B. (2014) The Third Wheel: The Impact of Twitter Use on Relationship Infidelity and Divorce. Cyberpsychology, Behavior, and Social Networking 17: 425–430

Clayton R.B., Nagurney A., Smith J.R. (2013) Cheating, breakup, and divorce: is Facebook use to blame? Cyberpsychology, Behavior, and Social Networking 16: 717–720

DAK (2019) Geld für Games – wenn Computerspiel zum Glücksspiel wird. Ergebnisse einer repräsentativen Befragung von Kindern und Jugendlichen im Alter von 12 bis 17 Jahren für die DAK-Gesundheit 7. Januar 2019. Forsa Politik- und Sozialforschung GmbH. Büro Berlin, Schreiberhauer Straße 30, 10317 Berlin (https://www.dak.de/dak/download/computerspielsucht-2103404.pdf; abgerufen am 6.6.2019)

Daniel D.B., Willingham D.T. (2012) Electronic Textbooks: Why the Rush? Science 335: 1570–1571

Delgado P., Vargas C., Ackerman R., Salmeróna L. (2018) Don't throw away your printed books: A meta-analysis on the effects of reading media on reading comprehension. Educational Research Review 25: 23–38

Drouin M., Kaiser D., Miller D. (2012) Phantom vibrations in young adults: prevalence and underlying psychological characteristics. Computers in Human Behavior 28: 1490–1496

Ebbinghaus U. (2019) Kein eigenes Smartphone unter zwölf. FAZ 1.11.2019 (https://www.faz.net/aktuell/feuilleton/ausser-kontrolle-kein-eigenes-smartphone-unter-zwoelf-16463714.html?service=printPreview; abgerufen am 7.6.2020

Eichenberg C., Wolters C. (2013) Phänomen »Cyberchondrie«. Deutsches Ärzteblatt 12(2): 78–79

Fancourt D., Steptoe A. (2019) Television viewing and cognitive decline in older age: findings from the English Longitudinal Study of Ageing Scientific Reports 9: 2851

Galton F (1907) Vox populi. Nature 75: 450-451en am 6.6.2019)

Grimm I. (2017) #ElsaGate: Kinderland ist abgebrannt. Wolfsburger Allgemeine 24.11.2017 (https://www.waz-online.de/Nachrichten/

Medien-TV/ElsaGate-Kinderland-ist-abgebrannt; abgerufen am 7.6.2020)

Konrath S.H., O'Brien E.H., Hsing C. (2011) Changes in Dispositional Empathy in American College Students Over Time: A Meta-Analysis. Personality and Social Psychology Review. 15: 180–198

Kushlev K., Proulx J.D.E. (2016) The Social Costs of Ubiquitous Information: Consuming Information on Mobile Phones Is Associated with Lower Trust. PLoS ONE 11: e0162130 (doi:10.1371/journal.pone.0162130)

Kushlev K., Proulx J.D.E., Dunn E.W. (2017) Digitally connected, socially disconnected: The effects of relying on technology rather than other people. Computers in Human Behavior 76: 68–74

LeFebvre L.E. (2018) Swiping me off my feet: Explicating relationship initiation on Tinder. Journal of Social and Personal Relationships 35: 1205–1229

Madigan et al., JAMA Pediatrics, Januar 2019

Modica C.A. (2020) The Associations Between Instagram Use, Selfie Activities, Appearance Comparison, and Body Dissatisfaction in Adult Men. Cyberpsychology, Behavior, and Social Networking 23: 90–99

Müller K., Schwarz C. (2019) From Hashtag to Hate Crime: Twitter and Anti-Minority Sentiment (July 3, 2019). Social Science Research Network, SSRN https://ssrn.com/abstract=3149103 oder http://dx.doi.org/10.2139/ssrn.3149103; abgerufen am 10.9.2019)

Mueller P.A., Oppenheimer D.M. (2014) The Pen Is Mightier Than the Keyboard: Advantages of Longhand Over Laptop Note Taking. Psychological Science 25: 1159–1168

Newitz A. (2020) Twitter was once a fun place – now it is heading towards destruction. New Scientist (3273) 14.3.2020 (https://www.newscientist.com/article/mg24532734-900-twitter-was-once-a-fun-place-now-it-is-heading-towards-destruction/; abgerufen am 14.3.2020)

Papadamou K., Papasavva A., Zannettou S., Blackburny J., Kourtellisz N., Leontiadisz I., Stringhini G., Sirivianos M. (2019) Disturbed YouTube for Kids: Characterizing and Detecting Disturbing Content on YouTube. arXiv:1901.07046v1 [cs.SI] 21 Jan 2019

Prince J., Wallsten S. (2020) How Much is Privacy Worth Around the World and Across Platforms? Technology Policy Institute (TPI), 409 12th Street SW, Suite 700, Washington, DC 20024; January 2020. (https://techpolicyinstitute.org/wp-content/uploads/2020/02/Prince_Wallsten_How-Much-is-Privacy-Worth-Around-the-World-and-Across-Platforms.pdf; abgerufen am 8.4.2020)

Radesky J.S., Kistin C.J., Zuckerman B., Nitzberg K., Gross J., Kaplan-Sanoff M., Augustyn M., Silverstein M. (2014) Patterns of mobile device use by caregivers and children during meals in fast food restaurants. Pediatrics 133: e843–e849

Radesky J.S., Miller A.L., Rosenblum K.L., Appugliese D., Kaciroti N., Lumeng J.C. (2015) Maternal mobile device use during a structured parent-child interaction task. Acad Pediatr 15: 238–244

Ravizza S.M., Uitvlugt M.G., Fenn K.M. (2017) Logged In and Zoned Out: How Laptop Internet Use Relates to Classroom Learning. Psychological Science 28: 171–180

Ridgway J.L., Clayton R.B. (2016) Instagram Unfiltered: Exploring Associations of Body Image Satisfaction, Instagram #Selfie Posting, and Negative Romantic Relationship Outcomes. Cyberpsychology, Behavior, and Social Networking 19: 2–7

Salganik M.J., Dodds P.S., Watts D.J. (2006) Experimental study of inequality and unpredictability in an artificial cultural market. Science 311: 854–856

Sandoval E., Eisinger D., Blau R. (2015) Department of Education lifts ban on cell phones in New York City schools. New York Daily News, 2.3.2015 (http://www.nydailynews.com/ new-york/dept-education-ends-cell-phone-ban-nyc-schools-article-1.2134970; abgerufen am 21.5.2015)

Schleicher A. (2015) OECD. Students, Computers and Learning: Making the Connection. Paris, France: OECD Publishing

Shetty S. (2016) Technology: force for progress, or tool of repression? Vortrag des [damaligen] Generalsekretärs von Amnesty International am Indian Institute of Technology (IIT) in Bombay on 16. Dezember 2016 (https://www.amnesty.org/en/latest/news/2016/12/salil-shetty-speech-techfest/; abgerufen am 11.9.2019)

Sparrow B., Liu J., Wegner D.M. (2011) Google effects on memory: Cognitive consequences of having information at our fingertips. Science 333: 776–778

Spitzer M. (1988) Halluzinationen. Springer, Heidelberg

Spitzer M. (2000) Geist im Netz. Spektrum, Heidelberg

Spitzer M. (2003) Lernen. Spektrum, Heidelberg

Spitzer M. (2012) Digitale Demenz. Droemer, München

Spitzer M. (2015) Cyberkrank! Droemer, München

Spitzer M. (2018) Die Smartphone Epidemie. Klett, Stuttgart

Spitzer M. (2019a) E-Sport Lobbyismus versus Gemeinnützigkeit und Gesundheit. Nervenheilkunde 38: 157–168

Spitzer M. (2020a) Keilschrift, Kant und Kaufverträge. Von der Philologie zur Medienkompetenz und zurück. Nervenheilkunde 39: 198-205

Spitzer M. (2019b) Demenz durch Fernsehen. Nervenheilkunde 38: 363–371

Spitzer M. (2020b) Der Wert unserer Daten. Nervenheilkunde 39: 417–423

Stokel-Walker C. (2019) Children can find inappropriate videos on YouTube in just 10 clicks. New Scientist 3221, 12.3.2019 (https://www.newscientist.com/article/2196040-children-can-find-inappropriate-videos-on-youtube-in-just-10-clicks/; abgerufen am 10.5.2019)

Tossell C.C., Kortum P., Shepard C., Rahmati A., Zhong L. (2015) You can lead a horse to water but you cannot make him learn: Smartphone use in higher education. British Journal of Educational Technology 46: 713 (DOI: <10.1111/bjet.12176)

Tufekci Z. (2018) YouTube, the great redicalizer. The New York Times 10.3.2018 (https://www.nytimes.com/2018/03/10/opinion/sunday/youtube-politics-radical.html; abgerufen am 14.3.2018)

Vosoughi S., Roy D., Aral S. (2018) The spread of true and false news online. Science 359: 1146–1151

Walsh J.J., Barnes J.D., Cameron J.D., Goldfield G.S., Chaput J.P., Gunnell K.E., Ledoux A.A., Zemek R.L., Tremblay M.S. (2018) Associations between 24 hour movement behaviours and global cognition in US children: a cross-sectional observational study. Lancet Child Adolesc Health 2: 783–791

Ward A.F., Duke K., Gneezy A., Bos M.W. (2017) Brain Drain: The Mere Presence of One's Own Smartphone Reduces Available Cognitive Capacity. JACR 2, published online April 3, 2017 (http://dx.doi.org/10.1086/691462)

White R.W., Horvitz E. (2009) Cyberchondria: Studies of the escalation of medical concerns in Web search. ACM Transactions on Information Systems 27: 1–23

Williams M.L., Burnap P., Javed A., Liu H., Ozalp S. (2019) Hate in the machine: Anti-Black and anti-muslim social media posts as predictors of off-line racially and religiously aggravated crime. Bristish journal of Criminology, doi:10.1093/bjc/azz049 (https://academic.oup.com/bjc/advance-article-abstract/doi/10.1093/bjc/azz049/5537169; abgerufen am 9.9.2019)

Woo E.H.C., White P., Lai C.W.K. (2017) Effects of electronic device overuse by university students in relation to clinical status and anatomical variations of the median nerve and transverse carpal ligament. Muscle Nerve 56: 873-880

Woo E.H.C., White P., Ng H.K., Lai C.W.K. (2016) Development of Kinematic Graphs of Median Nerve during Active Finger Motion: Implications of Smartphone Use. PLoS ONE 11(7): e0158455 (doi:10.1371/journal.pone.0158455)

Wurzbacher R. (2019) »Man muss auch über Verbote reden«. Welche Auswirkungen der »Digitalpakt« haben kann. Ein Gespräch mit Julia von Weiler. Junge Welt 25.2.2019, S. 3

Zendle D., Bowden-Jones H (2019) Loot boxes and the convergence of video games and gambling. Lancet Psychiatry 6: 724–725

REGISTER

MANFRED SPITZER

PANDEMIE

Was die Krise mit
uns macht und was
wir aus ihr machen

Auch als **E-Book** erhältlich

mvgverlag

240 Seiten
9,99 € (D) | 10,30 € (A)
ISBN 978-3-7474-0257-3

Manfred Spitzer
Pandemie
Was die Krise mit uns macht
und was wir daraus machen

Warum machen wir so viele Fehler im Umgang mit Pandemien? Wie reagiert unser Immunsystem, wenn wir keine körperlichen Kontakte mehr haben? Welche Auswirkungen hat es auf Kinder, wenn sie wochenlang alleine spielen? Warum kursieren so viele Fake-News? Die Corona-Pandemie schafft nicht nur medizinische und wirtschaftliche Probleme, sondern sorgt auch für Angst, Einsamkeit, sozialen Druck und Misstrauen.

Manfred Spitzer, Leiter der Psychiatrischen Universitätsklinik Ulm und Bestsellerautor, erklärt verständlich und informativ, welche dramatischen Folgen eine Pandemie auf uns und unser Leben hat. Dabei klärt er über wenig bekannte Zusammenhänge, neueste wissenschaftliche Erkenntnisse und grassierende Irrtümer auf. Dieses Wissen brauchen wir, denn wie die Krise ausgeht, liegt an uns.

mvgverlag

Auch als **E-Book** erhältlich

160 Seiten
16,99 € (D) | 17,50 € (A)
ISBN 978-3-7474-0113-2

Manfred Spitzer,
Norbert Herschkowitz
**Wie wir denken
und lernen**
Ein faszinierender Einblick
in das Gehirn von
Erwachsenen

Zwischen einem 20-Jährigen und einem 80-Jährigen gibt es augenscheinlich Unterschiede, doch wie verändert sich in dieser Zeitspanne die Denk- und Lernfähigkeit? In welchem Alter hört das Gehirn auf zu reifen und ist es tatsächlich für einen 40-Jährigen schwieriger, eine Fremdsprache zu lernen, als für einen 20-Jährigen? Klar ist, dass das Nervensystem eines Kindes wächst, aber bedeutet das im Umkehrschluss, dass ein Erwachsener geistig abbaut? Gewohnt verständlich und unterhaltsam beantworten der Bestsellerautor und renommierte Psychiater Manfred Spitzer gemeinsam mit dem Hirnforscher Norbert Herschkowitz, wie sich der menschliche Denkapparat im erwachsenen Alter verändert und ob das »alternde Gehirn« nicht auch Vorteile haben kann.

Auch als **E-Book** erhältlich

160 Seiten
16,99 € (D) | 17,50 € (A)
ISBN 978-3-7474-0002-9

Manfred Spitzer,
Norbert Herschkowitz

Wie Kinder denken lernen

Die kognitive Entwicklung
vom 1. bis zum
12. Lebensjahr

Vom ersten Wort bis hin zu einer regelrechten Sprachexplosion vergehen meist nur wenige Monate. Aber was passiert im Gehirn eines Kindes, das gerade die Welt entdeckt? Und wie unterscheidet sich ein 10-Jähriger geistig von einem 6-Jährigen? Der Bestsellerautor und bekannte Psychiater Manfred Spitzer erklärt in dieser spannenden Zusammenfassung, die bereits zuvor als Hörbuch erschien, gemeinsam mit dem Kinderarzt Norbert Herschkowitz verständlich und unterhaltsam, wie Kinder denken lernen. Vom 1. bis 12. Lebensjahr gehen sie Schritt für Schritt die Veränderungen des Gehirns durch und zeigen dabei zudem, wie Eltern ihre Kinder bei der geistigen Entwicklung unterstützen und fördern können.